대학수학의 기초

이 상 한 지음

KYOWOOSA 교우사

머 리 말

과학기술 개발의 기본은 사물을 추상화하는 것이며 사물을 추상화하는 능력의 배양은 수학적 사고에 기초한다. 따라서 기초과학으로서 뿐만 아니라 응용의 측면에서도 수학의 역할이 점차 커지고 있다. 이 책은 수학을 필요로 하는 학생들에게 좀더 쉽고, 친숙하고, 알차게 수학 일반에 관계되는 정의, 정리 및 공식을 이해하고 응용력을 기를 수 있도록 예제와 함께 문제를 수록하였으며, 중간에 학습한 것을 스스로 평가할 수 있도록 연습문제를 제시하였다.

우리나라에서 대학교재로 사용하여온 여러 가지의 대학수학 교과서는 각 대학의 사정에 따라 선택되어 그 내용이 보는 각도에 따라서는 상당한 차이가 있고 장단점도 아울러 가지고 있다고 생각된다. 이 교재는 우리나라 대학의 실정에 맞게 교과서를 만들자는 의도에서 집필되었다.

본 교재의 내용은 1장은 집합을, 2장은 수와 연산, 3장은 다항식, 4장은 인수분해, 5장은 유리식, 6장은 무리식, 7장은 일차방정식, 8장은 이차방정식, 9장은 연립방정식, 10장은 일차부등식, 11장은 이차부등식, 12장은 함수, 13장은 일차함수의 그래프, 14장은 이차함수의 그래프, 15장은 분수함수와 무리함수의 그래프, 16장은 지수와 로그, 17장은 지수함수와 로그함수의 그래프, 18장은 함수의 극한, 19장은 도함수, 20장은 경우의 수와 확률, 21장은 행렬, 22장은 명제를 다루었다.

본 교재가 독자 여러분의 수학적 사고능력 함양에 도움이 된다면 저자에게는 큰 기쁨이며, 독자의 고견을 따라 미비한 점은 계속 보완할 것을 약속한다.

끝으로 이 책을 출판하는데 여러 가지 어려움을 무릅쓰고 아낌없는 도움을 주신 교우사 오판근 사장님께 심심한 감사를 드린다.

2011년 8월

저자

차 례

제 1 장 집 합

기본개념 1-1

- 집합 : 주어진 조건에 맞는 대상을 분명하게 구별할 수 있는 모임
- 원소 : 집합에 속하는 대상 하나 하나
- 원소나열법 : 모든 원소를 { }안에 나열하는 방법
- 조건제시법 : $\{x \mid p(x)\}$와 같이 원소가 되는 공통 조건 $p(x)$을 제시해 주는 방법
- 벤 다이어그램 : 그림을 사용하여 집합을 나타내는 방법
- 전체집합 : 관심의 대상이 되는 모든 원소들의 모임을 말하며 U로 표현
- 공집합 : 원소가 하나도 없는 집합을 말하며 $\varnothing$로 표현

▸ 집합은 일반적으로 대문자 $A, B, C, \cdots$ 등으로 원소는 $a, b, c, \cdots$ 등으로 나타낸다.

▸ a가 집합 A의 원소일 때 $a \in A$로 나타낸다.

▸ a가 집합 A의 원소가 아닐 때 $a \notin A$로 나타낸다.

기초예제

(1) $N = \{1, 2, 3, \cdots\}$: 원소나열법

$N = \{n \mid n$ 은 자연수$\}$: 조건제시법

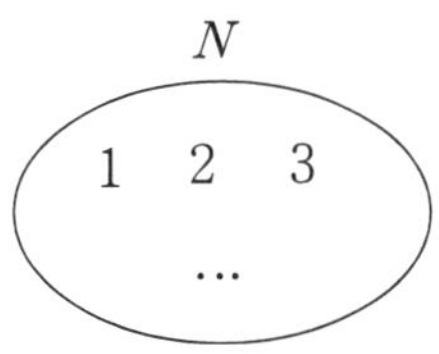

벤 다이어그램

문제 1-1

(1) 공집합의 예를 들어라.

(2) 원소나열법과 조건제시법 중 어떤 표현이 더 편리한지 예를 들어 설명하여라.

기본개념 1-2

- 두 집합 A, B에 대하여 A의 모든 원소가 B의 원소가 될 때 A를 B의 **부분집합**이라 하고 $A \subset B$로 표시한다.

- 집합 A, B에 대하여 $A \subset B$이고 $B \subset A$일 때 A와 B는 **서로같다**고 하며 $A = B$ 로 표시한다.

- 집합 A, B에 대하여 $A \subset B$이고 $A \neq B$일 때 A를 B의 **진부분집합**이라 한다.

기초예제

(1) $A = \{1, 2\}$의 부분집합은 $\varnothing$, $\{1\}$, $\{2\}$, A로 모두 4개 이다.

(2) $A = \{1, 2, 3, 5, 6, 7\}$, $B = \{1, 2, 3, 7\}$, $C = \{1, 2, 3, 7, 2\}$ 일 때
$B \subset A$, $C \subset A$ 이며 $B \subset C$ 이고 $C \subset B$이므로 $B = C$ 이다.

(3) $A = \{1, 2, \{1\}\}$ 일 때 $\varnothing \subset A$, $\{1\} \in A$, $\{\{1\}\} \subset A$ 이다.

문제 1-2

(1) 자연수 전체의 집합 N, 정수 전체의 집합 Z, 유리수 전체의 집합 Q, 실수 전체의 집합 R의 포함관계를 기호로 나타내어라.

【풀이】 $N \subset Z \subset Q \subset R$

(2) 다음 집합의 포함관계를 나타내어라.

① $A = \{x | x$는 2의 배수$\}$, $B = \{x | x$는 6의 배수$\}$

② A : 평행사변형의 집합, B : 직사각형의 집합

【풀이】 ① $B \subset A$ ② $B \subset A$

기 본 개 념 1 - 3

- 집합의 연산

(1) 합집합 : 두 집합 A, B에 대하여 A에 속하거나 B에 속하는 원소로 된 집합

⇨ $A \cup B = \{x | x \in A$ 또는 $x \in B\}$

(2) 교집합 : 두 집합 A, B에 대하여 A에 속하고 B에 속하는 원소로 된 집합

⇨ $A \cap B = \{x | x \in A$ 그리고 $x \in B\}$

(3) 차집합 : 두 집합 A, B에 대하여 A에 속하고 B에 속하지 않는 원소로 된 집합

⇨ $A - B = \{x | x \in A$ 그리고 $x \notin B\}$

(4) 여집합 : 집합 A에 대하여 U에 속하고 A에 속하지 않는 원소로 된 집합

⇨ $A^c = U - A = \{x | x \in U$ 그리고 $x \notin A\}$

기초예제

$U = \{1, 2, 3, 4, 5\}$, $A = \{1, 2, 3\}$, $B = \{3, 5,\}$ 이면

$A \cup B = \{1, 2, 3, 5\}$, $A \cap B = \{3\}$, $A - B = \{1, 2\}$, $A^c = \{4, 5\}$ 이다.

문제 1-3

(1) $U = \{1, 2, 3, 5, 6, 7\}$, $A = \{1, 2, 3, 7\}$, $B = \{3, 5, 6\}$ 일 때 다음을 계산하고 벤다이어그램으로 표현하여라.

① $A \cup B$ ② $A \cap B$ ③ $A - B$ ④ A^c

【풀이】 ① $A \cup B = U$ ② $A \cap B = \{3\}$ ③ $A - B = \{1, 2, 7\}$ ④ $A^c = \{5, 6\}$

(2) $A = \{x | 0 \le x \le 6\}$, $B = \{x | -2 \le x \le 3\}$ 일 때 다음을 계산하여라.

① $A \cup B$ ② $A \cap B$ ③ $A - B$

【풀이】 ① $A \cup B = \{x | -2 \le x \le 6\}$

② $A \cap B = \{x | 0 \le x \le 3\}$

③ $A - B = \{x | 3 < x \le 6\}$

기본개념 1-4

- 집합 A, B, C에 대하여 다음 법칙이 성립한다.

(1) $A \cup B = B \cup A$, $A \cap B = B \cap A$ (교환법칙)

(2) $A \cup (B \cup C) = (A \cup B) \cup C$ (결합법칙)

$A \cap (B \cap C) = (A \cap B) \cap C$

(3) $A \cup (B \cap C) = (A \cup B) \cap (A \cup C)$ (분배법칙)

$A \cap (B \cup C) = (A \cap B) \cup (A \cap C)$

(4) $(A \cup B)^c = A^c \cap B^c$, $(A \cap B)^c = A^c \cup B^c$ (드모르간의법칙)

(5) $A - B = A \cap B^c$

(6) $(A^c)^c = A$

기초예제

$U = \{1, 2, 3, 4, 5\}$, $A = \{1, 2, 3\}$, $B = \{3, 5,\}$ 이면

$A \cap B^c = \{1, 2\}$, $(A \cap B)^c = \{1, 2, 4, 5\}$, $(A \cup B)^c = \{4\}$이다.

기본개념 1-5

(1) 집합 $A = \{a_1, a_2, \cdots, a_n\}$ 의 부분집합의 개수 : 2^n

(2) 집합 $A = \{a_1, a_2, \cdots, a_n\}$ 의 진부분집합의 개수 : $2^n - 1$

(3) 집합 $A = \{a_1, a_2, \cdots, a_n\}$ 에서 k개의 원소는 포함하고 m개의 원소는 포함하지 않는 A의 부분집합의 개수 : 2^{n-k-m}

기초예제

$A = \{1, 2, 3, 4, 5, 6, 7\}$ 의 부분집합의 개수는 2^7이고 집부분집합의 개수는 $2^7 - 1$이며 1은 포함하고 7은 포함하지 않는 부분집합의 개수는 $2^{7-1-1} = 2^5$ 이다.

기 본 개 념 1 - 6

- 집합 A의 원소의 개수를 $n(A)$라 하면 다음 식이 성립한다.

(1) $n(A^c) = n(U) - n(A)$

(2) $n(A \cup B) = n(A) + n(B) - n(A \cap B)$

(3) $n(A \cup B \cup C) = n(A) + n(B) + n(C) - n(A \cap B)$
$- n(B \cap C) - n(C \cap A) + n(A \cap B \cap C)$

(4) $n(A - B) = n(A) - n(A \cap B) = n(A \cup B) - n(B)$

기초예제

(1) $A = \{1,\ 2,\ 3\}$, $B = \{3, 5,\}$ 일 때
$n(A \cup B) = n(A) + n(B) - n(A \cap B) = 3 + 2 - 1 = 4$

(2) $A = \{1,\ 2,\ 3\}$, $B = \{3, 5,\}$, $C = \{3, 4, 5, 6\}$ 일 때
$n(A \cup B \cup C) = n(A) + n(B) + n(C) - n(A \cap B)$
$- n(B \cap C) - n(C \cap A) + n(A \cap B \cap C)$
$= 3 + 2 + 4 - 1 - 2 - 1 + 1 = 6$

문제 1-4

(1) $A, B \subset U$, $n(U) = 20$, $n(A^c \cup B^c) = 8$ 일 때 $n(A \cap B)$를 구하시오.

【풀이】 $n((A \cap B)^c) = n(A^c \cup B^c) = 8$ **이므로** $n(A \cap B) = 20 - 8 = 12$

(2) 60명의 학생 중 음악을 좋아하는 학생이 35명, 독서를 좋아하는 학생이 28명, 음악과 독서 모두 좋아하는 학생이 5명이었다.

① 음악만 좋아하는 학생은 몇 명인가?

② 음악과 독서 모두 싫어하는 학생은 몇 명인가?

【풀이】 $n(U) = 60$, 음악을 좋아하는 학생 수 $n(A) = 35$, 독서를 좋아하는 학생 수 $n(B) = 28$ 라 하면 $n(A \cap B) = 5$ 이고 ① $n(A - B) = n(A) - n(A \cap B) = 35 - 5$

② $n(A \cup B) = n(A) + n(B) - n(A \cap B) = 35 + 28 - 5 = 58$ 이므로

$n((A \cup B)^c) = n(U) - n(A \cup B) = 60 - 58 = 2$

연습문제 1

1. $U=\{1, 2, 3, 5, 6, 7, 8\}$, $A=\{1, 2, 3, 7\}$, $B=\{3, 5, 6, 8\}$ 일 때 다음을 구하고 벤 다이어그램으로 표현하여라.

   ① $A\cup B$ ② $A\cap B$ ③ $A-B$ ④ A^c

2. $A=\{x\,|\,1\le x\le 6\}$, $B=\{x\,|\,-2\le x\le 4\}$ 일 때 다음을 계산하여라.

   ① $A\cup B$ ② $A\cap B$ ③ $A-B$

3. 50명의 학생 중 음악을 좋아하는 학생이 30명, 독서를 좋아하는 학생이 15명, 음악과 독서 모두 좋아하는 학생이 5명이었다.

   ① 음악만 좋아하는 학생은 몇 명인가?

   ② 음악과 독서 모두 싫어하는 학생은 몇 명인가?

4. 전체집합 $U=\{x\,|1\le x\le 12,\ x$는 자연수$\}$의 두 부분집합 A, B에 대하여 $A\cap B=\{1, 7\}$, $A^c\cap B^c=\{2, 10\}$, $A^c\cap B=\{4, 6, 8\}$이다. 이 때, 집합 A의 모든 원소의 합은?

5. 집합 $A=\{1, 2, 3, \{1, 2\}\}$ 의 부분집합의 개수는?

6. 집합 $B=\{a, b, c, d, e, f\}$ 의 부분집합 중에서 원소 a, b는 포함하고 원소 f는 포함하지 않는 부분집합의 개수를 구하여라.

7. 집합 $C=\{1, 2, \ldots, 10\}$ 의 부분집합 중에서 적어도 하나의 홀수를 원소로 갖는 부분집합의 개수를 구하여라.

8. 1에서 100까지의 자연수 중에서 5의 배수 또는 7의 배수가 되는 수의 개수는?

9. 자연수 k의 배수를 원소로 하는 집합을 A_k라 할 때, $A_m \subset (A_4 \cap A_6)$, $(A_8 \cup A_{10}) \subset A_n$ 을 만족하는 m의 최소값과 n의 최대값의 곱을 구하여라.

10. 50명의 학생 중에서 축구를 좋아하는 학생이 40명, 농구를 좋아하는 학생이 30명이다. 이 때, 축구와 농구를 좋아하는 학생 수 x의 값의 범위를 구하여라.

11. $A, B \subset U$, $n(U) = 15$, $n(A^c \cup B^c) = 8$ 일 때 $n(A \cap B)$를 구하시오.

12. 두 집합 $A = \{1,\ 3,\ 4\}$, $B = \{1, 2, 3, 4, 5, 6\}$ 에 대하여 $A \cup X = B \cap X = X$를 만족하는 집합 X의 개수를 구하여라.

13. $n(A) = 6$, $n(B) = 4$, $n(A \cup B) = 7$ 일 때, $n(A \cap B)$의 값을 구하여라.

14. 두 집합 $A = \{a-2b, -6\}$, $B = \{a-3b, -5\}$ 에 대하여 $A = B$를 만족하는 상수 a, b의 합 $a+b$의 값은?

15. 두 집합 $A = \{x \mid 0 < x \leq 3\}$, $B = \{x \mid a < x < 2a+12\}$가 $A \subset B$를 만족할 때, 정수 a의 개수는 ?

16. 집합 $A = \{x \mid x \geq 8\}$, $B = \{x \mid x \geq a\}$, $C = \{x \mid x \geq 2\}$에 하여 $A \subset B \subset C$가 성립하도록 하는 정수 a의 개수를 구하여라.

17. 집합 $A=\{-1,\ 0,\ 1,\ 2\}$ 일 때, 집합 $X=\{a+b \mid a \in A,\ b \in A\}$ 의 원소의 개수를 구하여라.

18. 집합 X가 집합 $\{1,\ 2,\ 3,\ 4,\ 5,\ 6,\ 7,\ 8\}$의 부분집합일 때, $\{1,\ 2,\ 3,\ 4,\ 5\} \cap X=\{3, 4, 5\}$를 만족하는 집합 X의 개수를 구하여라.

19. 세 집합 A, B, C 에 대하여 $A \cup B=\{3, 4, 5, 6\}$, $A \cup C=\{1, 2, 3, 4\}$일 때, $A \cup (B \cap C)$를 구하여라.

20. 집합 A, B에 대하여 $n(A)=24,\ n(B)=12,\ n(A-B)=15$ 일 때, $n(A \cup B)$의 값을 구하여라.

21. 1부터 100까지의 자연수 중에서 5의 배수도 아니고, 7의 배수도 아닌 수의 개수를 구하여라.

22. 100이하의 자연수 중 2, 3, 5의 어느 것으로도 나누어 떨어지지 않는 것의 개수를 구하여라.

확인학습1　　　학번 :　　　　　성명 :

1. 집합 $A=\{1, 2, ..., n\}$ 의 부분집합 중에
서 원소 1, n이 동시에 들어 있는 집합의 개수가 32일 때, n의 값을 구하여라.

2. $A=\{x|1 \le x \le 5\}$, $B=\{x|3<x<8\}$ 일 때 $(A-B) \cup X=X$, $(A-B) \cup X=X$ 를 만족하는 집합 X를 $X=\{x|p \le x \le q\}$ 라 할 때, q의 최소값과 최대값의 합은?

3. 집합 $S=\{1, 2, 3, 4, 5, 6\}$ 에 대하여 $2 \in X$, $3 \in X$, $5 \not\in X$를 모두 만족하는 집합S의 부분집합 X의 개수는?

4. 집합 $A=\{1, 2, 3, 4, k\}$의 부분집합 중 원소의 개수가 2이상인 것은 $A_1, A_2, A_3, \cdots, A_{26}$의 26개이다. 각각의 집합 $A_1, A_2, A_3, \cdots, A_{26}$에서 가장 큰 원소를 뽑아 이들을 모두 더한 값이 159일 때, 자연수 k의 값은? (단, $k \ge 5$)

5. 집합 X, Y가 $X \cup Y=\{-3, 0, 1, 3, 4, 5\}$, $X \cap Y=\{0, 1, 5\}$를 만족한다. 집합 X의 모든 원소의 합을 a, 집합 Y의 모든 원소의 합을 β라 할 때, $a+\beta$의 값을 구하여라.

6. 서로 같지 않은 두 집합 A, B에 대하여 $A=\{2, a^2+1\}$, $B=\{10, a-1, a^2-7\}$, $A \cap B^c=\phi$일 때, 자연수 a의 값은 ?

7. 집합 A, B, C에 대하여 A와 C가 서로소이고, $n(A)=7$, $n(B)=5$, $n(C)=4$, $n(A \cup B)=10$, $n(B \cup C)=6$일 때, $n(A \cup B \cup C)$의 값은?

8. 30명의 주부를 대상으로 두 종류의 통조림 A, B의 구입의사를 조사하였더니 각각 23명, 17명이었다. 두 종류 모두 구입의사가 있는 주부는 최소 몇 명인가?

9. 50명의 학생에게 세 개의 과학 문제 A, B, C를 풀게 하였더니 A, B, C문제를 맞힌 학생은 각각 18명, 20명, 22명이고, 세 문제를 모두 맞힌 학생은 3명이었다. 한 문제도 맞히지 못한 학생은 없다고 할 때, 세 문제 중 두 문제만을 맞힌 학생 수를 구하여라.

10. 집합 $A=\{0, 1, 2, 3, 4\}$의 부분집합 중 원소의 개수가 2인 부분집합은 10개이다. 이 집합을 각각 $B_k (k=1, 2, \cdots, 10)$ 라 하고 집합 B_k의 모든 원소의 합을 S_k라 할 때, $S_1+S_2+\cdots+S_{10}$의 값을 구하여라.

제 2 장 수와 연산

기본개념 2-1

- 실수의 체계

(1) 자연수 전체의 집합 $N=\{1, 2, 3, \cdots\}$

(2) 정수 전체의 집합 $Z=\{\cdots, -3, -2, -1, 0, 1, 2, 3, \cdots\}$

(3) 유리수 전체의 집합 $Q=\left\{\dfrac{n}{m} \mid m, n \in Z,\ m \neq 0\right\}$

(4) 무리수 전체의 집합 Q^c : 분수로 나타낼 수 없는 실수

(5) 실수 전체의 집합 $R=Q \cup Q^c$

⇨ 포함관계는 $N \subset Z \subset Q \subset R$

- 실수
  - 유리수
    - 정수
      - 자연수 : $1, 2, 3, \cdots$
      - 0
      - 음의 정수 : $-1, -2, -3, \cdots$
    - 정수아닌 유리수
      - 유한소수 : $\frac{1}{2}, \pm 0.75, \cdots$
      - 순환소수: $0.\dot{3}, \pm 0.6\dot{2}\dot{5}, \cdots$
  - 무리수⇒비순환무한소수: $\sqrt{2}, \pi, \sin 10^{\circ}, \cdots$

기본개념 2-2

- 임의의 $a \in S$, $b \in S$에 대하여 어떤 연산 $*$이 정의되었을 때, $a*b \in S$이면 집합 S는 연산 $*$에 대하여 **닫혀 있다**고 한다.

- 집합 S가 연산 $*$에 대하여 닫혀 있을 때, 임의의 $a \in S$에 대하여 $a*e=e*a=a$인 $e \in S$를 연산 $*$에 대한 **항등원**이라 한다.

- 집합 S가 연산 $*$에 대하여 닫혀 있고, $e \in S$가 연산 $*$에 대한 항등원일 때 $a \in S$에 대하여 $a*x=x*a=e$인 $x \in S$를 연산 $*$에 대한 a의 **역원**이라 한다.

기초예제

(1) 자연수 집합은 $+, \times$에 대해서만 닫혀있고, $\times$에 대한 항등원 1이며 $+$에 대한 항등원은 없다.

(2) 정수 집합은 $+, -, \times$에 대해서만 닫혀있고, $\times$에 대한 항등원 1이며 $+$에 대한 항등원은 0이다.

(3) 유리수, 실수 집합은 $+, -, \times, \div$ 에 대해서 닫혀있고, $\times$에 대한 항등원 1이며 $+$에 대한 항등원은 0이다. (단, $\div$에서 0 으로 나누는 것은 제외)

(4) (유리수) $\pm$ (무리수) $=$ 무리수

(5) (무리수) $+, -, \times, \div$ (무리수)는 유리수 일수도 있고, 무리수 일수도 있다.

(6) 집합 $S=\{-1, 1\}$ 은 곱셈과 나눗셈에 대하여 닫혀있고, 곱셈에 대한 항등원은 1이다.

문제 2-1

(1) 실수 전체의 집합에서 덧셈과 곱셈에 대한 $1+\sqrt{2}$의 역원을 구하여라.

【풀이】 $x+(1+\sqrt{2})=0 \Leftrightarrow x=-1-\sqrt{2}$: 덧셈에 대한 역원

$x\times(1+\sqrt{2})=1 \Leftrightarrow x=\dfrac{1}{1+\sqrt{2}}$: 곱셈에 대한 역원

(2) 실수 전체의 집합의 두 원소 a, b에 대하여 연산 $a*b$를 $a*b=ab+a+b$라 정의한다. 이 연산에 대하여 2의 역원을 구하여라.

【풀이】 $a*e=ae+a+e=a \Leftrightarrow e(a+1)=0 \Rightarrow e=0$: $*$에 대한 항등원

$2*x=2x+2+x=0 \Leftrightarrow x(2+1)=-2 \Leftrightarrow x=-\dfrac{2}{3}$: $*$에 대한 2의 역원

$*$에 대한 -1의 역원은 존재하지 않는다.

기본개념 2-3

- 연산의 기본법칙 : 집합 S가 연산 $*$와 $\circ$에 대하여 닫혀 있을 때,

  (1) 교환법칙 : $a*b=b*a$

  (2) 결합법칙 : $a*(b*c)=(a*b)*c$

  (3) 분배법칙 : $a*(b\circ c)=(a*b)\circ(a*c)$

- 실수의 대소관계

  (1) $a>b,\ b>c \Rightarrow a>c$

  (2) $a>b,\ c>d \Rightarrow a+c>b+d$

  (3) $a>b,\ c>0 \Rightarrow ac>bc,\ \dfrac{a}{c}>\dfrac{b}{c}$

  (4) $a>b,\ c<0 \Rightarrow ac<bc,\ \dfrac{a}{c}<\dfrac{b}{c}$

- 절대값

  수직선 위에서 실수 a에 대응하는 점과 원점 사이의 거리를 a의 **절대값**이라 하고, 기호 $|a|$ 로 나타낸다.

  $$\Rightarrow \quad |a|=\begin{cases} a & (a\geq 0) \\ -a & (a<0) \end{cases}$$

- 절대값의 성질

  (1) $|a|\geq 0,\ |a|=|-a|$

  (2) $|a|^2=a^2$

  (3) $|a||b|=|ab|$

  (4) $\dfrac{|a|}{|b|}=\left|\dfrac{a}{b}\right|$ (단, $b\neq 0$)

▸ $(R,+,\times)$ 은 교환법칙, 결합법칙, 분배법칙이 성립한다.

기초예제

(1) $3\sqrt{2}-(1+2\sqrt{2})=\sqrt{2}-1>0$ 이므로 $3\sqrt{2}>1+2\sqrt{2}$ 이다.

(2) $|-3|=3$, $|-2|^2+|-3|^2=|2|^2+|3|^2=13$, $\dfrac{|6|}{|-2|}=\dfrac{6}{2}=3$ 이다.

(3) $|x|=3$ 이면 $x=\pm 3$ 이다.

문제 2-2

(1) 집합 $A=\{0,1\}$ 은 사칙연산 중 어느 연산에 닫혀 있는가?
(단, 0으로 나누는 것은 제외)

【풀이】 $1+1=2\notin A$, $0-1=-1\notin A$ 이므로 덧셈과 뺄셈에는 닫혀있지 않다.
곱셈과 나눗셈에는 닫혀있다.

(2) 실수 a,b에 대하여 연산 $a*b$를 $a*b=2ab+a-b$라 정의할 때 $2*(3*1)$을 구하여라.

【풀이】 $2*(3*1)=2*(2\times3\times1+3-1)=2*8=2\times2\times8+2-8=22$

(3) $|x-2|=4$ 이 되는 x값을 구하여라.

【풀이】 (i) $x\geq 2$ 일 때, $|x-2|=4\Leftrightarrow x-2=4\Leftrightarrow x=6$
(ii) $x<2$ 일 때, $|x-2|=4\Leftrightarrow -(x-2)=4\Leftrightarrow x=-2$

(4) $-2\leq x<5$ 일 때, $|x+2|+|x-5|$ 를 간단히 하여라.

【풀이】 $|x+2|+|x-5|=x+2-(x-5)=7$

(5) 임의의 실수 a,b에 대하여 연산 $a*b$를 $a*b=2ab+2a+2b+1$ 라 정의한다.
① *은 교환법칙이 성립하는지 확인하여라.
② *에 대한 1의 역원을 구하여라.

【풀이】 ① $b*a=2ba+2b+2a+1=2ab+2a+2b+1$ 이므로 $a*b=b*a$
따라서 *은 교환법칙이 성립한다.
② $a*e=2ae+2a+2e+1=a\Leftrightarrow(2e+1)(a+1)=0$

$\therefore$ *에 대한 항등원 $e=-\frac{1}{2}$

$1*x=2\times1x+2\times1+2x+1=-\frac{1}{2}$

$\Leftrightarrow 4x=-\frac{7}{2}\Leftrightarrow x=-\frac{7}{8}$: *에 대한 1의 역원

연습문제 2

1. 집합 $A = \{-1, 0, 1\}$ 은 사칙연산 중 어느 연산에 닫혀 있는가?
   (단, 0으로 나누는 것은 제외)

2. 실수 a, b에 대하여 연산 $a * b$를 $a * b = 2ab + a - 2b$ 라 정의할 때 $2 * (1 * 3)$ 을 구하여라.

3. $|x-2| = 4-x$ 이 되는 x값을 구하여라.

4. $-2 \le x < 5$ 일 때, $|2x+4| + 2|x-5|$ 를 간단히 하여라.

5. 임의의 실수 a, b에 대하여 연산 $a * b$를 $a * b = 2ab + 2a + 2b + 1$ 라 정의할 때 *에 대한 항등원이 존재하는지 확인하여라.

6. 다음 각 경우에 대하여 $|a+2| + |a-3|$ 을 간단히 하여라.
   ① $a < -2$ ② $-2 \le a < 3$ ③ $a \ge 3$

7. 두 실수 $2-\sqrt{2}$, $3-2\sqrt{2}$ 의 대소를 비교하여라.

8. x, y가 실수일 때, 다음 식을 만족하는 x, y에 대하여 $x^2 - y^2$ 을 구하여라.
   $$(x-6)^2 + (2y+6)^2 = 0$$

9. 서로 다른 두 유리수 사이에는 반드시 유리수가 존재함을 증명하여라.

10. 0보다 큰 실수 중 가장 작은 실수가 존재하는지 확인하여라.

확인학습2 　　　학번 : 　　　성명 :

1. 임의의 실수 a, b에 대하여 연산 $a*b$를 $a*b=(a+1)(b+1)-1$ 라 정의할 때 *에 대한 역원이 존재하지 않는 실수를 구하여라.

2. 두 실수 $6-2\sqrt{5},\ 4-\sqrt{5}$ 의 대소를 비교하여라.

3. $|x+1|-|x-2|+|2x-5|$ 를 간단히 하여라. (단, $-1 \le x < 2$)

4. x, y가 실수일 때, 다음 식을 만족하는 x, y에 대하여 x^2-y^2 을 구하여라.

$$(x-1)^2+|2y+8|=0$$

5. 임의의 실수 a, b에 대하여 연산 $a*b$를 $a*b=ab+2(a+b)-3$ 라 정의할 때 $(2*1)*(1*2)$의 값을 구하여라.

6. 실수의 순서쌍 $(a, b), (c, d)$에 대하여 연산 *를 $(a, b)*(c, d)=(a+c, bd)$ 로 정의할 때 연산 *에 대한 $(5, 3)$의 역원을 구하여라.

7. 두 유리수의 합과 곱은 유리수임을 증명하여라.

8. $(x-2)^2+(x+2y-4)^2=0$ 을 만족하는 실수x, y의 값을 구하여라.

9. $M=\{x \mid x=m+n\sqrt{2},\ m, n \in N\}$ 일 때 집합 M은 사칙연산 중 어느 연산에 닫혀있는지 확인하여라.

10. $||x-1|-1|+2|1-x|$ 를 간단히 하여라.
(단, $1 < x < 2$)

제 3 장 다항식

기 본 개 념 3 - 1

- 단항식 : 문자와 숫자가 곱셈으로만 연결된 식
- 다항식 : 1개 이상의 단항식이 덧셈과 뺄셈만으로 연결된 식
- 계수 : 단항식에 있는 문자 앞의 숫자부분
- 항 : 다항식을 이루는 각각의 단항식
- 상수항 : 문자를 포함하지 않는 항
- 단항식의 차수 : 미지수가 곱해져 있는 개수
- 동류항 : 계수는 다르지만 문자와 차수가 같은 항
- 다항식의 차수 : 다항식에 들어 있는 항의 차수 중에서 가장 높은 차수

다항식 $\begin{cases} \text{단항식} \\ \text{2항식} \\ \text{3항식} \\ \cdots \end{cases}$

▸ 다항식의 차수는 어떤 문자를 미지수로 보느냐에 따라 결정된다.

기초예제

(1) x, 5, $2x^2$, $\frac{1}{2}\times x^2 \times y = \frac{1}{2}x^2y$ 은 단항식이다.

(2) $x-1$, $2x^2+x$, $2x^2+xy^4+y^3$ 은 단항식은 아니며 다항식이다.

(3) $2x^2+x$의 x^2의 계수는 2이고 x의 계수는 1이다.

(4) $2x^2+x^2y^4+y^5$ 은 x에 대하여 2차, y에 대하여 5차, x,y에 대하여 6차이다.

(5) $\frac{1}{x}$, $\sqrt{x}$, 5^x은 다항식이 아니다.

문제 3-1

(1) $7x^3+x^2y-\frac{1}{2}y^2+5$ 의 각 항의 계수를 구하여라.

【풀이】 x^3의 계수는 7, x^2y의 계수는 1, y^2의 계수는 $-\frac{1}{2}$, 상수항은 5이다.

(2) $x^3+x^2y^5+3$ 의 차수를 구하여라.

【풀이】 x에 대하여 3차, y에 대하여 5차, x, y에 대하여 7차이다.

기본개념 3-2

- 다항식의 정리
  (1) 내림차순 : 한 문자에 대하여 차수가 높은 항부터 나열하는 것
  (2) 오름차순 : 한 문자에 대하여 차수가 낮은 항부터 나열하는 것

- 다항식 A, B, C에 대하여 다음 법칙이 성립한다.
  (1) $A+B=B+A,\ A\cdot B=B\cdot A$ (교환법칙)
  (2) $A+(B+C)=(A+B)+C$ (결합법칙)
  $A\cdot(B\cdot C)=A\cdot(B\cdot C)$
  (3) $A\cdot(B+C)=A\cdot B+A\cdot C$ (분배법칙)
  (4) $A+(B-C)=A+B-C$
  (5) $A-(B-C)=A-B+C$

▸ 다항식의 연산은 한 문자에 대하여 내림차순으로 정리한 후 동류항을 정리한다.

기초예제

(1) $7x^3+x^2y-\frac{1}{2}y^2+5$ 를 y에 대하여 내림차순으로 정리하면 $-\frac{1}{2}y^2+x^2y+(7x^3+5)$,

오름차순으로 정리하면 $(7x^3+5)+x^2y-\frac{1}{2}y^2$ 이고 상수항은 $7x^3+5$ 이다.

연습문제 3

1. $x^3-x^2y+\sqrt{2}y^2-3$의 각 항의 계수를 구하여라.

2. x^3-3xy^5+3y의 차수를 구하여라.

3. $2x^3+3x^2y^4-\frac{1}{2}y^2-1$를 y에 대하여 내림차순과, 오름차순으로 정리하여라.

4. $P=x^3-x^2y+\sqrt{2}y^2-3$, $Q=2x^3+3x^2y^4-y^2-1$일 때 $P+Q$와 $P-Q$를 구하여라.

5. $A=x^3-x^2y$, $B=2x^3-y^2-1$, $C=x^3-y^2$ 일 때 $A+B+C$와 $A-B+2C$를 구하여라.

6. $A=x^3-1$, $B=2x^3-x$, $C=x^2-1$ 일 때 $A \cdot B$와 $B \cdot 2C$를 구하여라.

7. $A=2x^3-4x^2+6x$, $B=2x$ 일 때 $A \div B$ 를 구하여라.

8. $A=2x^2+6x+1$, $B=x^2+1$ 일 때 A를 B로 나눈 몫과 나머지를 구하여라.

9. $A=2x^3-4x^2+6x$, $B=x-1$ 일 때 A를 B로 나누었을 때의 나머지를 구하여라.

10. $A=x^3-x^2+2x+k$, $B=x-1$ 일 때 A가 B로 나누어떨어질 때 k를 구하여라.

확인학습3 학번 : 성명 :

1. $6x^3+x^2y^5+\sqrt{2}y^2-2$ 의 각 항의 계수를 구하여라.

2. x^2-xy^4+3y의 차수를 구하여라.

3. $x-2x^2y^4+\frac{1}{2}y^2-3$ 를 y에 대하여 내림차순과, 오름차순으로 정리하여라.

4. $P=x^2y-y^2-3$, $Q=2x^3+3x^2y^4-y^2$ 일 때 $P+Q$와 $P-Q$를 구하여라.

5. $A=x^3-x^2y$, $B=2x^3-y^2$, $C=x^2y-y^2$ 일 때 $A+B+C$ 와 $A-B+2C$ 를 구하여라.

6. $A=2x^3y+4x^2-6$, $B=2x$ 일 때 $A\div B$ 를 구하여라.

7. $A=x^2+2$, $B=x-1$, $C=x^2-1$ 일 때 $A\cdot B$와 $B\cdot 2C$를 구하여라.

8. $A=x^3-4x^2+6x+1$, $B=x^2-1$ 일 때 A를 B로 나눈 몫과 나머지를 구하여라.

9. $A=2x^3+3x^2+1$, $B=x+1$ 일 때 A를 B로 나누었을 때의 나머지를 구하여라.

10. $A=x^3-3x^2+2x-k$, $B=x+1$ 일 때 A가 B로 나누어떨어질 때 k를 구하여라.

제 4 장 인수분해

기본개념 4-1

- 하나의 다항식을 두 개 이상의 인수의 곱 꼴로 나타내는 것을 **인수분해**라 한다.

$$(x+2)(x+3) \underset{\text{인수분해}}{\overset{\text{전개}}{\rightleftarrows}} x^2+5x+6$$

- 인수분해의 기본공식 I

(1) $ma+mb = m(a+b)$

(2) $a^2+2ab+b^2 = (a+b)^2$, $a^2-2ab+b^2 = (a-b)^2$

(3) $a^2-b^2 = (a+b)(a-b)$

(4) $x^2+(a+b)x+ab = (x+a)(x+b)$, $x^2-(a+b)x+ab = (x-a)(x-b)$

(5) $a^2+b^2+c^2+2ab+2bc+2ca = (a+b+c)^2$

기초예제

(1) $3a+3b = 3(a+b)$, $3ab^2+2a^2b = ab(3b+2a)$

(2) $4x^2+4xy+y^2 = (2x)^2+2(2x)y+y^2 = (2x+y)^2$

(3) $4x^2-4x+1 = (2x)^2-2(2x)1+1^2 = (2x-1)^2$

(4) $9x^2-4y^2 = (3x)^2-(2y)^2 = (3x+2y)(3x-2y)$

(5) $x^2-5x+6 = x^2-(2+3)x+(2\times3) = (x-2)(x-3)$

(6) $x^2+5x+6 = x^2+(2+3)x+(2\times3) = (x+2)(x+3)$

(7) $x^2+y^2+1^2+2xy+2y+2x = (x+y+1)^2$

기본개념 4-2

- 인수분해의 기본공식 II

(1) $a^3+3a^2b+3ab^2+b^3=(a+b)^3$, $a^3-3a^2b+3ab^2-b^3=(a-b)^3$

(2) $a^3+b^3=(a+b)(a^2-ab+b^2)$, $a^3-b^3=(a-b)(a^2+ab+b^2)$

(3) $a^3+b^3+c^3-3abc=(a+b+c)(a^2+b^2+c^2-ab-bc-ca)$

$$=\frac{1}{2}(a+b+c)\{(a-b)^2+(b-c)^2+(c-a)^2\}$$

(4) $a^4+a^2b^2+b^4=(a^2+ab+b^2)(a^2-ab+b^2)$

(5) $(a+b+c)(ab+bc+ca)-abc=(a+b)(b+c)(c+a)$

기초예제

(1) $8x^3+12x^2y+6xy^2+y^3=(2x+y)^3$

$8x^3-12x^2y+6xy^2-y^3=(2x-y)^3$

(2) $x^3+8y^3=(x+2y)(x^2-2xy+4y^2)$

$x^3-8y^3=(x-2y)(x^2+2xy+4y^2)$

(3) $8x^3+27y^3-18xy+1=(2x+3y+1)(2x^2+9y^2+1-6xy-3y-2x)$

$$=\frac{1}{2}(2x+3y+1)\{(2x-3y)^2+(3y-1)^2+(1-2x)^2\}$$

(4) $x^4+4x^2y^2+16y^4=(x^2+2xy+4y^2)(x^2-2xy+4y^2)$

(5) $(x+y+1)(xy+y+x)-xy=(x+y)(y+1)(1+x)$

(6) $3x^4-x^2-2=(3x^2+2)(x^2-1)=(3x^2+2)(x+1)(x-1)$

(7) $(a^2-3a)^2-2a^2+6a-8=(a^2-3a)^2-2(a^2-3a)-8$

$a^2-3a=t$ 라 하면 $\rightarrow$ $=t^2-2t-8=(t-4)(t+2)$

$=(a^2-3a-4)(a^2-3a+2)$

$=(a+1)(a-4)(a-1)(a-2)$

연습문제 4

※ 다음 식을 인수분해 하여라.

1. $3ab^2-2a^2b+ab$

2. $4x^2+4x+1$

3. $9x^2-y^2$

4. $2x^2+5x+3$

5. $(x+2)^3-1$

6. $x^2-(2a+1)x+(a+2)(a-1)$

7. $x^4+x^2z^2-y^2z^2-y^4$

8. $3x^4-x^2-2$

9. $(x-1)(x-3)(x+2)(x+4)+24$

10. x^4+4

11. x^3-4x^2+x+6

12. $ab(a-b)+bc(b-c)+ca(c-a)$

확인학습 4 학번 : 성명 :

※ 다음 식을 인수분해 하여라.

1. $(2a+b)^2-6a-3b$

2. $4x^2+12x+9$

3. $(2a-3b)^2-4b^2$

4. x^2-x-2

5. x^3+64y^3

6. $2(x-3)^2+3(x-3)(x+1)+(x+1)^2$

7. $a^2+4b^2-c^2-4ab$

8. x^4-3x^2+2

9. $x^3+x^2z+xz^2-y^3-y^2z-yz^2$

10. $3x^3+7x^2-4$

11. $x(x+1)(x+2)(x+3)-15$

12. x^4+6x^2+9

제 5 장 유리식

기 본 개 념 5 - 1

- 유리식 : 두 다항식 A, B에 대하여 $\frac{A}{B}(B \neq 0)$꼴로 나타내어지는 식
- 분수식 : 유리식 가운데 다항식이 아닌 유리식
- 기약분수식 : 분모, 분자가 서로소인 분수식, 즉 더 이상 약분되지 않는 분수식
- 약분 : 분모와 분자를 공통인수로 나누어서 분수식을 간단히 하는 것.
- 통분 : 분수식의 분모를 같게 하는 것으로 분모의 최소공배수를 공통분모로 한다.

기초예제

(1) $x-1$, $2x^2+x$은 다항식이다.

(2) $\frac{1}{x}$, $\frac{x+1}{x-1}$, $\frac{x+1}{x^2+x-1}$ 은 분수식이다.

(3) $\frac{x+1}{x^2-1}$을 약분하면 $\frac{x+1}{x^2-1} = \frac{x+1}{(x+1)(x-1)} = \frac{1}{x-1}$ 인 기약분수식이 된다.

(4) $\frac{1}{x+1} + \frac{1}{x-1}$ 을 통분하면 $\frac{1}{x+1} + \frac{1}{x-1} = \frac{(x-1)+(x+1)}{(x+1)(x-1)} = \frac{2x}{x^2-1}$ 된다.

기 본 개 념 5 - 2

- 유리식의 분모, 분자에 0이 아닌 같은 수 또는 같은 식을 곱하거나 분모, 분자를 같은 수 또는 같은 식으로 나누어도 유리식의 값은 변하지 않는다.

  ⇨ $\frac{B}{A} = \frac{B \times C}{A \times C}$, $\frac{B}{A} = \frac{B \div C}{A \div C}$ (단, $C \neq 0$)

기본개념 5-3

- 유리식의 사칙연산

⇨ 분수식의 모양을 간단한 꼴(또는 차수가 낮은 꼴)로 변형한다.

(1) 덧셈과 뺄셈

① 분모가 같은 때 : 분자끼리만 연산을 한다.

$$\Rightarrow \frac{A}{C}+\frac{B}{C}=\frac{A+B}{C},\ \frac{A}{C}-\frac{B}{C}=\frac{A-B}{C}$$

② 분모가 다를 때 : 분모의 최소공배수를 분모로 하는 분수로 통분하여 계산한다.

$$\Rightarrow \frac{A}{C}+\frac{B}{D}=\frac{AD+BC}{CD}$$

(2) 곱셈 : 통분할 필요 없이 분자는 분자끼리, 분모는 분모끼리 곱한다.

$$\Rightarrow \frac{B}{A}\times\frac{D}{C}=\frac{BD}{AC}$$

(3) 나눗셈 : 역수를 취해서 곱한다.

$$\Rightarrow \frac{B}{A}\div\frac{D}{C}=\frac{B}{A}\times\frac{C}{D}=\frac{BC}{AD}$$

기초예제

(1) $\dfrac{x^2-1}{x^2+x-1}+\dfrac{x}{x^2+x-1}=\dfrac{x^2+x-1}{x^2+x-1}=1$

(2) $\dfrac{2}{x+1}+\dfrac{3}{x-1}=\dfrac{2(x-1)+3(x+1)}{(x+1)(x-1)}=\dfrac{5x+1}{x^2-1}$

(3) $\dfrac{2x}{x+1}\times\dfrac{3x+1}{x-1}=\dfrac{2x\times(3x+1)}{(x+1)(x-1)}=\dfrac{6x^2+2x}{x^2-1}$

(4) $\dfrac{2x}{x+1}\div\dfrac{6x+2}{x+1}=\dfrac{2x}{x+1}\times\dfrac{x+1}{6x+2}=\dfrac{x}{3x+1}$

(5) $\dfrac{x^2+2x}{2x+y}\times\dfrac{3(x+y)}{x+2}\div\dfrac{3x}{2x+y}=\dfrac{x(x+2)}{2x+y}\times\dfrac{3(x+y)}{x+2}\times\dfrac{2x+y}{3x}=x+y$

기 본 개 념 5 - 4

- 특수한 형태의 분수식 계산

(1)분리형 : 분자의 차수가 분모의 차수보다 높거나 같으면 분자를 분모로 나누어 간단한 꼴로 변형한다. (가분수꼴 →대분수꼴)

(2)결합형 : 적당한 순서로 결합한다. (둘씩 적당히 조를 맞춘다.)

(3) 부분분수 분해 : 분모가 두 인수의 곱으로 되어 있을 때 한 개의 분수를 두 개 이상의 분수로 나누어 계산한다.

⇨ $\dfrac{C}{AB}=\dfrac{C}{B-A}\left(\dfrac{1}{A}-\dfrac{1}{B}\right)$

(4) 번분수 꼴 : 분모 또는 분자가 분수식으로 되어 있는 식은 분모, 분자를 따로 계산한다.

기초예제

(1) $\dfrac{x+2}{x-1}=1+\dfrac{3}{x-1}$

(2) $\dfrac{1}{x+1}+\dfrac{1}{x+2}-\dfrac{1}{x+3}-\dfrac{1}{x+4}=\left(\dfrac{1}{x+1}-\dfrac{1}{x+4}\right)+\left(\dfrac{1}{x+2}-\dfrac{1}{x+3}\right)$

(3) $\dfrac{2}{x(x+1)}=\dfrac{2}{(x+1)-x}\left(\dfrac{1}{x}-\dfrac{1}{x+1}\right)=2\left(\dfrac{1}{x}-\dfrac{1}{x+1}\right)$

(4) $\dfrac{\dfrac{x-1}{x}}{x-\dfrac{1}{x}}=\dfrac{\dfrac{x-1}{x}}{\dfrac{x^2-1}{x}}=\dfrac{x-1}{x^2-1}=\dfrac{x-1}{(x+1)(x-1)}=\dfrac{1}{x+1}$

(5) $\dfrac{1}{x(x+1)}+\dfrac{1}{(x+1)(x+2)}+\dfrac{1}{(x+2)(x+3)}=\dfrac{1}{x}-\dfrac{1}{x+1}+\dfrac{1}{x+1}-\dfrac{1}{x+2}+\dfrac{1}{x+2}-\dfrac{1}{x+3}$

$=\dfrac{1}{x}-\dfrac{1}{x+3}=\dfrac{3}{x(x+3)}$

연습문제 5

1. $\dfrac{x^2-5x+6}{x^2-7x+10}$을 간단히 하여라.

2. $\dfrac{x^2+1}{x^3-1}+\dfrac{x}{x^3-1}$을 간단히 하여라.

3. $\dfrac{x}{x-3}-\dfrac{x-6}{3-x}$을 간단히 하여라.

4. $\dfrac{x^2+x+1}{x^3-1}\times\dfrac{x^2-1}{x+1}$을 간단히 하여라.

5. $\dfrac{6x^2-7x-20}{x^2-4}\times\dfrac{x^2-x-2}{2x-5}\div\dfrac{3x^2+7x+4}{x^2+2x}$을 간단히 하여라.

6. $\dfrac{(-2ab)^2}{(xy)^2}\times\dfrac{x^2y^3}{3a^2b^3}\div\dfrac{3b}{y}$을 간단히 하여라.

7. $\dfrac{1}{x(x+2)}+\dfrac{1}{(x+2)(x+4)}+\dfrac{1}{(x+4)(x+6)}+\dfrac{1}{(x+6)(x+8)}$을 간단히 하여라.

8. $\dfrac{1}{1\cdot 3}+\dfrac{1}{3\cdot 5}+\dfrac{1}{5\cdot 7}+\dfrac{1}{7\cdot 9}+\dfrac{1}{9\cdot 11}$을 간단히 하여라.

9. $1-\dfrac{1}{1-\dfrac{1}{1-x}}$을 간단히 하여라.

10. $x+\dfrac{1}{x}=3$일 때, $x^3+\dfrac{1}{x^3}$을 구하여라.

11. $\frac{a}{b}+\frac{b}{a}=8$일 때, $\frac{a^2}{b^2}+\frac{b^2}{a^2}$을 구하여라.

12. $x-\frac{1}{x}=1, x>0$일 때, $x^2+\frac{1}{x^2}$을 구하여라.

13. $x^3+\frac{1}{x^3}=18$일 때, $x+\frac{1}{x}$의 값을 구하여라. (단, $x>0$)

14. $\frac{1}{x+\frac{1}{x+1}}=2$일 때, $2x^2+x$의 값은?

15. $x^2+\frac{1}{x^2}=7$일 때, $x^3+\frac{1}{x^3}$의 값을 구하여라. (단, $x>0$)

16. 양수 p, q에 대하여 $p+q=4, \frac{1}{p}+\frac{1}{q}=2$라 할 때, $(p-q)^2$의 값을 구하여라.

17. $2+\cfrac{3}{2+\cfrac{3}{2+\cfrac{3}{2+\cdots}}}$의 값을 구하여라.

18. $\frac{a}{(a-b)(a-c)}+\frac{b}{(b-a)(b-c)}+\frac{c}{(c-a)(c-b)}$을 간단히 하여라.

확인학습5　　　학번 :　　　　성명 :

1. $x-\frac{1}{x}=2,\ x>0$ 일 때, $x+\frac{1}{x},\ x^2+\frac{1}{x^2}$을 구하여라.

2. $x^2-x+1=0$ 일 때 $x+\frac{1}{x},\ x^2+\frac{1}{x^2}$을 구하여라.

3. $\frac{1}{1-x}+\frac{1}{1+x}+\frac{1}{1+x^2}+\frac{1}{1+x^4}$ 을 간단히 하여라.

4. $\frac{x+1}{x^3-2x+1}=\frac{a}{x-1}+\frac{bx+c}{x^2+x-1}$ 이 x의 값에 관계없이 항상 성립하도록 하는 상수 a, b, c값을 구하여라.

5. $\frac{1}{x+1}+\frac{1}{y+1}=1$ 일 때, $\frac{1}{x-1}+\frac{1}{y-1}$의 값을 구하여라.

6. $x+\frac{1}{x}=2$일 때, $x^3+\frac{1}{x^3}$을 구하여라.

7. $\frac{x+1}{x-1}+\frac{x-1}{x+1}-\frac{x^2}{x^2-1}$ 을 간단히 하여라.

8. $\frac{a^2}{(a-b)(a-c)}+\frac{b^2}{(b-a)(b-c)}+\frac{c^2}{(c-a)(c-b)}$ 을 간단히 하여라.

9. $2-\cfrac{1}{2-\cfrac{1}{2-\cfrac{1}{x}}}=x$ 을 만족하는 x의 값을 구하여라.

10. $\frac{1}{x}-\frac{1}{y}=\frac{1}{x+y}$ 일 때, $\frac{y}{x}-\frac{x}{y}$의 값을 구하여라.

제 6 장 무리식

기 본 개 념 6 - 1

- 분수로 나타낼 수 없는 비순환소수(무한소수)를 무리수라 하고, 근호($\sqrt{\ }$)안에 문자를 포함한 식을 **무리식**이라 한다.

- 무리식 $\sqrt{A}$가 실수가 되기 위한 조건 : $A \geq 0$

- 제곱하여 $a(a>0)$가 되는 수, 즉 $x^2=a$가 되는 x를 a**의 제곱근**이라 한다. 이 때, 양의 제곱근을 $\sqrt{a}$, 음의 제곱근을 $-\sqrt{a}$로 나타낸다. 특히 $\sqrt{0}=0$이다.

$$\sqrt{a^2}=|a|=\begin{cases} a & (a \geq 0\text{일 때}) \\ -a & (a<0\text{일 때}) \end{cases}$$

- 세제곱하여 a가 되는 수를 a**의 세제곱근**이라 한다.

$$\sqrt[3]{a^3}=a \ (a\text{가 양, 음, 0에 관계없다.})$$

▸ $\sqrt{a}$를 제곱근a 또는 루트(root) a라고 읽는다.

기초예제

(1) 무리수 : $\sqrt{2}=1.414\cdots$, $\sqrt{3}=1.732\cdots$, $\pi=3.14\cdots$

무리식 : $\sqrt{x}$, $\sqrt{3x+1}$

(2) 무리식 $\sqrt{x-5}$의 값이 실수가 되기 위해서는 $x-5 \geq 0$이다. $\therefore x \geq 5$

(3) 제곱근 9 $=$ $\sqrt{9}$ $=3$, 9의 제곱근 $=$ $\pm\sqrt{9}$ $=$ ± 3)

(4) $\sqrt[3]{(-2)^3}=-2$, $\sqrt{2^2=2}$, $\sqrt[3]{8}=\sqrt[3]{2^3}=2$, $\sqrt[3]{-8}=\sqrt[3]{(-2)^3}=-2$

기 본 개 념 6 - 2

- 제곱근의 계산

(1) $a \ge 0, b \ge 0$일 때,

① $(\sqrt{a})^2 = a$

② $m\sqrt{a} \pm n\sqrt{a} = (m \pm n)\sqrt{a}$ (복부호 동순)

③ $\sqrt{a}\sqrt{b} = \sqrt{ab}$, $\dfrac{\sqrt{a}}{\sqrt{b}} = \sqrt{\dfrac{a}{b}}$ (단, $b \ne 0$)

④ $\sqrt{a^2 b} = a\sqrt{b}$, $\sqrt{\dfrac{a}{b^2}} = \dfrac{\sqrt{a}}{b}$ (단, $b \ne 0$)

(2) $a \le 0, b \le 0$일 때, $\sqrt{a}\sqrt{b} = -\sqrt{ab}$

(3) $a \ge 0, b < 0$일 때, $\dfrac{\sqrt{a}}{\sqrt{b}} = -\sqrt{\dfrac{a}{b}}$

▸ $\sqrt{a}\sqrt{b} = -\sqrt{ab}$이면 $a < 0,\ b < 0$또는 $a = 0$또는 $b = 0$

▸ $\dfrac{\sqrt{a}}{\sqrt{b}} = -\sqrt{\dfrac{a}{b}}$ 이면 $a \ge 0,\ b < 0$

기초예제

(1) $(\sqrt{2})^2 = 2,\ 3\sqrt{2} + 4\sqrt{2} = (3+4)\sqrt{2} = 7\sqrt{2}$

(2) $\sqrt{2} \cdot \sqrt{3} = \sqrt{2 \times 3} = \sqrt{6}$, $\dfrac{\sqrt{8}}{\sqrt{2}} = \sqrt{\dfrac{8}{2}} = \sqrt{4} = 2$

(3) $\sqrt{12} = \sqrt{4 \times 3} = \sqrt{2^2 \times 3} = 2\sqrt{3}$, $\sqrt{\dfrac{3}{4}} = \dfrac{\sqrt{3}}{\sqrt{4}} = \dfrac{\sqrt{3}}{2}$

(4) $\sqrt{-2}\sqrt{-3} = -\sqrt{-2 \cdot -3} = -\sqrt{6}$, $\dfrac{\sqrt{6}}{\sqrt{-2}} = -\sqrt{\dfrac{6}{-2}} = -\sqrt{-3}$

기 본 개 념 6 - 3

- 분모가 근호($\sqrt{\ }$)를 포함하고 있을 때, 근호를 없애는 것을 분모의 유리화라 한다.

(1) $\dfrac{a}{\sqrt{b}}=\dfrac{a\sqrt{b}}{\sqrt{b}\cdot\sqrt{b}}=\dfrac{a\sqrt{b}}{b}$

(2) $\dfrac{A}{\sqrt{a}+\sqrt{b}}=\dfrac{A(\sqrt{a}-\sqrt{b})}{(\sqrt{a}+\sqrt{b})(\sqrt{a}-\sqrt{b})}=\dfrac{A(\sqrt{a}-\sqrt{b})}{(\sqrt{a})^2-(\sqrt{b})^2}=\dfrac{A(\sqrt{a}-\sqrt{b})}{a-b}$

(3) $\dfrac{A}{\sqrt{a}-\sqrt{b}}=\dfrac{A(\sqrt{a}+\sqrt{b})}{(\sqrt{a}-\sqrt{b})(\sqrt{a}+\sqrt{b})}=\dfrac{A(\sqrt{a}+\sqrt{b})}{(\sqrt{a})^2-(\sqrt{b})^2}=\dfrac{A(\sqrt{a}+\sqrt{b})}{a-b}$

(4) $\dfrac{A}{\sqrt[3]{a}\pm\sqrt[3]{b}}=\dfrac{A(\sqrt[3]{a^2}\mp\sqrt[3]{ab}+\sqrt[3]{b^2})}{(\sqrt[3]{a}\pm\sqrt[3]{b})(\sqrt[3]{a^2}\mp\sqrt[3]{ab}+\sqrt[3]{b^2})}=\dfrac{A(\sqrt[3]{a^2}\mp\sqrt[3]{ab}+\sqrt[3]{b^2})}{a\pm b}$ (복부호 동순)

기초예제

(1) $\dfrac{6}{\sqrt{3}}=\dfrac{6\sqrt{3}}{\sqrt{3}\cdot\sqrt{3}}=\dfrac{6\sqrt{3}}{3}=2\sqrt{3}$

(2) $\dfrac{1}{\sqrt{3}+\sqrt{2}}=\dfrac{\sqrt{3}-\sqrt{2}}{(\sqrt{3}+\sqrt{2})(\sqrt{3}-\sqrt{2})}=\dfrac{\sqrt{3}-\sqrt{2}}{(\sqrt{3})^2-(\sqrt{2})^2}=\dfrac{\sqrt{3}-\sqrt{2}}{3-2}=\sqrt{3}-\sqrt{2}$

(3) $\dfrac{2}{\sqrt[3]{3}-\sqrt[3]{2}}=\dfrac{2(\sqrt[3]{3^2}+\sqrt[3]{6}+\sqrt[3]{2^2})}{(\sqrt[3]{3}-\sqrt[3]{2})(\sqrt[3]{3^2}+\sqrt[3]{6}+\sqrt[3]{2^2})}=\dfrac{2(\sqrt[3]{9}+\sqrt[3]{6}+\sqrt[3]{4})}{3-2}=2(\sqrt[3]{9}+\sqrt[3]{6}+\sqrt[3]{4})$

문제 6-1

(1) $(\sqrt{10}-\sqrt{2})(\sqrt{18}+\sqrt{90})$을 계산하여라.

【풀이】 $(\sqrt{10}-\sqrt{2})(\sqrt{18}+\sqrt{90}) = (\sqrt{10}-\sqrt{2})(3\sqrt{2}+3\sqrt{10})$

$= 3(\sqrt{10}-\sqrt{2})(\sqrt{2}+\sqrt{10}) = 3(10-2) = 24$

기 본 개 념 6 - 4

- 근호 안에 근호가 포함되어 있는 식을 **이중근호**라 한다.

  ⇨ $a \geq b > 0$일 때, $\sqrt{a+b \pm 2\sqrt{ab}} = \sqrt{a} \pm \sqrt{b}$ (복부호동순)

- a, b, c, d가 유리수이고, $\sqrt{l}$, $\sqrt{m}$, $\sqrt{n}$ 이 서로 다른 무리수일 때

  (1) $a+b\sqrt{m}=0 \Leftrightarrow a=0, b=0$, $a+b\sqrt{m}=c+d\sqrt{m} \Leftrightarrow a=c, b=d$

  (2) $a+\sqrt{m}=b+\sqrt{n} \Leftrightarrow a=b, m=n$

  (3) $a\sqrt{l}+b\sqrt{m}+c\sqrt{n}=0 \Leftrightarrow a=0, b=0, c=0$

기초예제

(1) $\sqrt{5-2\sqrt{6}} = \sqrt{3}-\sqrt{2}$

(2) $\sqrt{11-\sqrt{72}} = \sqrt{11-2\sqrt{18}} = \sqrt{9}-\sqrt{2} = 3-\sqrt{2}$

(3) $(x-1)+(x+y+1)\sqrt{2}=0\ (x, y \in Q)$ 이면 $x-1=0, x+y+1=0$ 이므로 $x=1, y=-2$

(4) $(x+1)\sqrt{2}+(y-3)\sqrt{5}=0\ (x, y \in Q)$ 이면 $x+1=0, y-3=0$ 이므로 $x=-1, y=3$

문제 6-2

(1) $\sqrt{2-\sqrt{3}}$ 을 간단히 하여라.

【풀이】 $\sqrt{2-\sqrt{3}} = \sqrt{\dfrac{4-2\sqrt{3}}{2}} = \dfrac{\sqrt{4-2\sqrt{3}}}{\sqrt{2}} = \dfrac{\sqrt{3}-1}{\sqrt{2}} = \dfrac{(\sqrt{3}-1)\sqrt{2}}{(\sqrt{2})^2} = \dfrac{\sqrt{6}-\sqrt{2}}{2}$

(2) $(x+2y-1)+(x+y+1)\sqrt{2}=0$ 을 만족하는 유리수 x, y의 값을 구하여라.

【풀이】 $x+2y-1=0, x+y+1=0$ 이므로 $x=-3, y=2$

연습문제 6

1. $\sqrt{2}+\sqrt{8}+\sqrt{6}-\sqrt{18}-\sqrt{27}$ 의 값을 구하여라.

2. $\sqrt{\frac{5}{6}}\left(\sqrt{\frac{3}{10}}-\sqrt{\frac{2}{15}}\right)$의 값을 구하여라.

3. $|a|<3$일 때, $\sqrt{(a-3)^2}+|a+3|$의 값을 구하여라.

4. $\sqrt{7+2\sqrt{12}}$ 의 값을 구하여라.

5. $(\sqrt{7}+\sqrt{2})^3-(\sqrt{7}-\sqrt{2})^3$의 값을 구하여라.

6. $\dfrac{3-\sqrt{7}}{3+\sqrt{7}}$의 값을 구하여라.

7. $\dfrac{\sqrt{5}}{\sqrt{3}+1}+\dfrac{\sqrt{3}}{\sqrt{5}-\sqrt{3}}$의 값을 구하여라.

8. $\sqrt{12-2\sqrt{11}}$ 의 값을 구하여라.

9. $a=\sqrt{3-\sqrt{8}}$ 일 때, $a^3+\dfrac{1}{a^3}$의 값을 구하여라.

10. $\dfrac{\sqrt{8}-\sqrt{5}}{\sqrt{8}+\sqrt{5}}+\dfrac{\sqrt{8}+\sqrt{5}}{\sqrt{8}-\sqrt{5}}$의 값을 구하여라.

11. $\dfrac{\sqrt{x}}{\sqrt{x-5}}+\sqrt{\dfrac{x}{x-5}}=0$일 때, $\sqrt{(x-5)^2}+|x|$의 값을 구하여라. (단, $x\neq0$인 실수)

12. $\sqrt{11-6\sqrt{2}}$의 정수 부분을 a,소수 부분을 b라 할 때, $\dfrac{1}{a-b}-b$의 값을 구하여라.

13. $x^2-5x+1=0$일 때, $\sqrt{x}+\dfrac{1}{\sqrt{x}}$의 값을 구하여라.

14. $\sqrt{2\sqrt{2\sqrt{2\sqrt{2\cdots}}}}$의 값을 구하여라.

15. $\dfrac{1}{\sqrt[3]{3}+\sqrt[3]{2}}$의 값을 구하여라.

16. $1<a<10$일 때, $\sqrt{(a^2-100)^2}+\sqrt{(a^2-1)^2}$의 값을 구하여라.

17. $(x+1)\sqrt{2}+(y-3)\sqrt{3}=(y+1)\sqrt{2}+(2x+1)\sqrt{3}$을 만족하는 유리수 x, y의 값을 구하여라.

18. $x=2\sqrt{2}$일 때, $\dfrac{1-\sqrt{3-x}}{1+\sqrt{3+x}}$의 값을 구하여라.

확인학습6　　　　학번 :　　　　　성명 :

1. $\sqrt{9-4\sqrt{5}}$ 의 값을 구하여라.

2. $\sqrt{19-8\sqrt{3}}$ 의 정수 부분을 a, 소수 부분을 b라 할 때, $\frac{1}{b}-a$의 값을 구하여라.

3. $a\sqrt{1-\frac{1}{a^2}}=\sqrt{a^2-1}$ 이 성립하기 위한 실수 a의 범위를 구하여라.

4. $x=\sqrt{3+\sqrt{5}}$, $y=\sqrt{3-\sqrt{5}}$ 일 때, $\frac{x+y}{x-y}-\frac{x-y}{x+y}$의 값을 구하여라.

5. a, x, y가 모두 양의 정수일 때, 등식 $\sqrt{a-\sqrt{24}}=\sqrt{x}-\sqrt{y}$ (단, $x \ge y > 1$) 를 성립시키는 a의 값을 구하여라.

6. $\sqrt{12+3\sqrt{12}}$ 의 값을 구하여라.

7. $a>0,\ x=a^2-2a$ 일 때, $\sqrt{x+4a+1}+\sqrt{x+1}$ 의 값을 2가 되도록 하는 a의 값을 구하여라.

8. $\frac{2+\sqrt{3}}{\sqrt{7-4\sqrt{3}}}$ 의 값을 구하여라

9. $\sqrt{1+\sqrt{45-20\sqrt{5}}}$ 의 소수 부분을 a라 할 때, $a^2+\frac{1}{a^2}$의 값을 구하여라.

10. 실수 a, b, c, d에 대하여 $\sqrt{a}\sqrt{b}=-\sqrt{ab},\ \frac{\sqrt{c}}{\sqrt{d}}=-\sqrt{\frac{c}{d}}$ 일 때, $|a+d|+\sqrt{(c-b)^2}-|b+d|-\sqrt{(c-a)^2}$ 을 간단히 하여라.

제 7 장 일차방정식

기본개념 7-1

- 등식 : 두 식사이의 관계를 등호를 사용하여 나타낸 식

- 방정식 : 등식에 들어있는 미지수의 값에 따라 참, 거짓이 달라지는 등식

- 항등식 : 등식에 들어있는 미지수에 어떤 값을 대입하여도 항상 참이 되는 등식

- 일차방정식 : $ax+b=0$(a, b 은 상수, $a\neq 0$) 와 같이 미지수가 1개이고, 미지수 x의 차수가 1인 방정식

- 등식의 성질 : $A=B$일 때 다음 성질이 성립한다.

  ① $A+m=B+m$ ② $A-m=B-m$ ③ $Am=Bm$ ④ $\dfrac{A}{m}=\dfrac{B}{m}$, $m\neq 0$

- 일차방정식의 풀이 : 미지수를 포함하는 항을 좌변에 상수항을 우변으로 이항하여 $ax=b$ 와 같은 형태로 변형한 후 계산한다.

  ① $a\neq 0$일 때, $x=\dfrac{b}{a}$

  ② $a=0$일 때, $\begin{cases} b\neq 0\text{이면 해가 없다.(불능)} \\ b=0\text{이면 해가 무수히 많다.(부정)} \end{cases}$

기초예제

(1) 일차방정식은 $3x+6=0$ 의해는 $3x+6=0 \Leftrightarrow 3x=-6 \Leftrightarrow x=-2$

(2) 일차방정식은 $3x+6=3x+8$ 은 $3x+6=3x+8 \Leftrightarrow 0x=2$ 이므로 해가 없다.

(3) 일차방정식은 $3x+6=3x+6$ 은 $0x=0$ 이므로 해가 무수히 많다.

기 본 개 념 7-2

- 절대값을 포함한 일차방정식 : 절대값의 기호를 없앤 다음 계산한다.

$$|A| = \begin{cases} A, & A \geq 0\text{일 때} \\ -A, & A < 0\text{일 때} \end{cases}$$

- 절대값 기호가 2개 있을 때, 즉 $|x-\alpha|+|x-\beta|=k\,(\alpha<\beta)$ 의 해법

① (절대값) $=0$인 x의 값을 구한다. $(x=\alpha, \beta)$

② 구간을 나누어 방정식을 계산한다.

(i) $x<\alpha$ (ii) $\alpha \leq x < \beta$ (iii) $\beta \leq x$

③ 결과가 각각의 범위에 적합한지 확인한다.

기초예제

(1) 방정식 $|2x-4|=2$ 의 해는

(i) $2x-4 \geq 0$, 즉 $x \geq 2$일 때, $2x-4=2 \Leftrightarrow 2x=6 \Leftrightarrow x=3$

(ii) $2x-4<0$, 즉 $x<2$일 때, $-2x+4=2 \Leftrightarrow -2x=-2 \Leftrightarrow x=1$

$\therefore x=1, 3$

(2) 방정식 $|x-1|+|x-2|=3$ 의 해는

(i) $x<1$일 때, $-(x-1)-(x-2)=3 \Leftrightarrow -2x=0 \Leftrightarrow x=0$

(ii) $1 \leq x < 2$ 일 때, $(x-1)-(x-2)=3 \Leftrightarrow 0x=2$ 이므로 불능

(iii) $2 \leq x$일 때, $(x-1)+(x-2)=3 \Leftrightarrow 2x=6 \Leftrightarrow x=3$

$\therefore x=0, 3$

(3) 방정식 $|x-1|+|x-2|=x+3$ 의 해는

(i) $x<1$일 때, $-(x-1)-(x-2)=x+3 \Leftrightarrow -3x=0 \Leftrightarrow x=0$ (조건에 적합)

(ii) $1 \leq x < 2$ 일 때, $(x-1)-(x-2)=x+3 \Leftrightarrow x=-2$ (조건에 부적합)

(iii) $2 \leq x$일 때, $(x-1)+(x-2)=x+3 \Leftrightarrow x=6$ (조건에 적합)

$\therefore x=0, 6$

연습문제 7

1. 일차방정식은 $2x-6=0$ 의 해를 구하여라.

2. 일차방정식은 $2x-6=3(x+2)$ 의 해를 구하여라.

3. 방정식 $|2x-3|=x-1$ 의 해를 구하여라.

4. 방정식 $|x+1|+|x-2|=4$ 의 해를 구하여라.

5. 방정식 $|2x-1|+|x-2|=x+8$ 의 해를 구하여라.

6. x에 대한 방정식 $a(a-2)x=a-2$ 의 해가 1개 존재하기 위한 a의 값을 구하여라.

7. x에 대한 방정식 $a(a+5)x=a+5$ 의 해가 무수히 많기 위한 a의 값을 구하여라.

8. x에 대한 방정식 $a(a-3)x=a-3$ 의 해가 존재하지 않기 위한 a의 값을 구하여라.

9. x에 대한 방정식 $(a-1)(a-4)x=a-2(x+1)$ 의 해가 무수히 많기 위한 a의 값을 구하여라.

10. $\{x\mid(a^2+6)x=a(5x+1)-2\}=\varnothing$ 일 때, a의 값을 구하여라.

확인학습7 학번 : 성명 :

1. 일차방정식은 $2x-10=4x$ 의 해를 구하여라.

2. 방정식 $|2x-3|=5x+2$ 의 해를 구하여라.

3. 방정식 $|x-1|+|x+6|=2x+10$ 의 해를 구하여라.

4. x에 대한 방정식 $(a^2+3a-4)x=a-1$ 의 해가 1개 존재하기 위한 a의 값을 구하여라.

5. x에 대한 방정식 $(a^2+1)x=a+2\left(x+\frac{1}{2}\right)$ 의 해가 무수히 많기 위한 a의 값을 구하여라.

6. x에 대한 방정식 $(a^2+6)x+2=a(5x+1)$ 을 풀어라.

7. 일차방정식은 $2x+8=3(x-1)$ 의 해를 구하여라.

8. 방정식 $|x+2|+|x-3|=8$ 의 해를 구하여라.

9. 방정식 $|2x-1|-|x+6|=2x+1$ 의 해를 구하여라.

10. x에 대한 방정식 $a(a+3)x=a^2-9$ 의 해가 무수히 많기 위한 a의 값을 구하여라.

11. x에 대한 방정식 $(a+1)(a-3)x=a+1$ 의 해가 존재하지 않기 위한 a의 값을 구하여라.

12. $\{x\,|\,a^2x+1=a(x+1)\}=\varnothing$ 일 때, a의 값을 구하여라.

제 8 장 이차방정식

기 본 개 념 8 - 1

- 이차방정식 : $ax^2+bx+c=0(a, b, c$은 상수, $a \neq 0)$ 와 같이 미지수 x의 차수가 2차인 방정식

- 이차방정식의 해법

(1) 인수분해 이용

⇨ $(ax-b)(cx-d)=0$ 의 근은 $x=\dfrac{b}{a}, \dfrac{d}{c}$

(2) 근의공식 이용

⇨ $ax^2+bx+c=0$ 의 근은 $x=\dfrac{-b\pm\sqrt{b^2-4ac}}{2a}$

(3) 완전제곱식 이용

⇨ $(x+a)^2=b$ 의 근은 $x=-a\pm\sqrt{b}$

▸ 이차방정식 $ax^2+bx+c=0$ 에서는 $a \neq 0$ 라는 뜻을 포함한다.

기초예제

(1) 이차방정식 $x^2-5x+6=0$ 을 인수분해를 이용하여 풀면

$x^2-5x+6=(x-2)(x-3)=0$ 이므로 $x=2, 3$

(2) 이차방정식 $x^2-5x+6=0$ 을 근의 공식을 이용하여 풀면

$$x=\frac{5\pm\sqrt{25-4\times1\times6}}{2}=\frac{5\pm1}{2}=2, 3$$

(3) 이차방정식 $x^2-5x+6=0$ 을 완전제곱식을 이용하여 풀면

$x^2-5x+6=x^2-5x+\left(\dfrac{5}{2}\right)^2-\left(\dfrac{5}{2}\right)^2+6=\left(x-\dfrac{5}{2}\right)^2-\dfrac{1}{4}=0$ 이므로

$$\left(x-\frac{5}{2}\right)^2=\frac{1}{4} \Leftrightarrow x-\frac{5}{2}=\pm\frac{1}{2} \Leftrightarrow x=2, 3$$

기 본 개 념 8 - 2

- 이차방정식 $ax^2+bx+c=0$ 의 두 근을 α, β라 하면

  ① $\alpha+\beta=-\dfrac{b}{a}$ ② $\alpha\beta=\dfrac{c}{a}$ ③ $|\alpha-\beta|=\dfrac{\sqrt{b^2-4ac}}{|a|}$

  ④ $ax^2+bx+c=a(x-\alpha)(x-\beta) \ =a(x^2-(\alpha+\beta)x+\alpha\beta)$

- 이차방정식 $ax^2+bx+c=0$ $(a, b, c$: 실수$)$ 에서 $D=b^2-4ac$ 를 **판별식**이라 한다.

  판별식의 부호에 따라 근의 종류를 판단할 수 있다.

  ① $D>0 \Leftrightarrow$ 서로 다른 두 실근

  ② $D=0 \Leftrightarrow$ 중근(같은 두 실근)

  ③ $D<0 \Leftrightarrow$ 서로 다른 두 허근

기초예제

(1) $2x^2+3x-5=0$의 두 근을 α, β라 하면 $\alpha+\beta=-\dfrac{3}{2}$, $\alpha\beta=-\dfrac{5}{2}$

(2) $x^2-6x+5=0$은 $D=6^2-20=16>0$이므로 서로 다른 두 실근을 갖는다.

(3) $x^2+4x+4=0$은 $D=4^2-16=0$이므로 중근을 갖는다.

(4) $x^2-x+2=0$은 $D=(-1)^2-4\times1\times2=-7<0$이므로 서로 다른 두 허근을 갖는다.

(5) 이차항의 계수가 1이고 두 근이 2, 3인 이차방정식은 $x^2-(2+3)x+(2\times3)=0$

$\therefore x^2-5x+6=0$

(6) 이차항의 계수가 2이고 두 근이 $2+\sqrt{2}$, $2-\sqrt{2}$ 인 이차방정식은

$2[x^2-(2+\sqrt{2}+2-\sqrt{2})x+(2+\sqrt{2})(2-\sqrt{2})]=0$

$\therefore 2x^2-8x+4=0$

연습문제 8

1. 이차방정식 $x^2-6x+8=0$ 의 해를 인수분해를 이용하여 구하여라.

2. 이차방정식 $x^2-3x+2=0$ 의 해를 근의 공식을 이용하여 구하여라.

3. 이차방정식 $x^2+4x+2=0$ 의 해를 완전제곱식을 이용하여 구하여라.

4. 이차방정식 $2x^2+8x-6=0$ 의 두 근의 합과 곱을 구하여라.

5. 이차방정식 $x^2-2ax+3=0$ 이 서로 다른 두 실근을 갖기 위한 a의 값을 구하여라.

6. 이차방정식 $3x^2-2x+a=0$ 이 실근을 갖지 않기 위한 a의 범위를 구하여라.

7. 이차항의 계수가 2이고 두 근이 $-2, 2$인 이차방정식을 구하여라.

8. 방정식 $x^2-|x|-6=0$ 의 해를 구하여라.

9. 이차방정식 $x^2+ax-2=0$ 의 한 근이 1일 때, 다른 한 근을 구하여라.

10. 이차방정식 $x^2-2x+3=0$ 의 두 근을 α, β라 할 때 $\frac{\beta}{\alpha}+\frac{\alpha}{\beta}$ 을 구하여라.

확인학습8　　　학번 :　　　성명 :

1. 이차방정식 $2x^2-3x-5=0$ 의 해를 인수분해를 이용하여 구하여라.

2. 이차방정식 $4x^2+9=0$ 의 해를 완전제곱식을 이용하여 구하여라.

3. 이차방정식 $x^2-2ax+a=0$ 이 서로 다른 두 실근을 갖기 위한 a의 값을 구하여라.

4. 이차항의 계수가 1이고 두 근이 $-1, 2$인 이차방정식을 구하여라.

5. 이차방정식 $(a+1)x^2+x+a^2-2=0$ 의 한 근이 1일 때, 다른 한 근을 구하여라.

6. 이차방정식 $3x^2-6x+4=0$ 의 두 근을 α, β라 할 때 $\dfrac{\beta}{\alpha-1}+\dfrac{\alpha}{\beta-1}$ 을 구하여라.

7. 이차방정식 $6x^2-5x-6=0$ 의 해를 근의 공식을 이용하여 구하여라.

8. 이차방정식 $3x^2-9x-12=0$ 의 두 근의 합과 곱을 구하여라.

9. 이차방정식 $3x^2+2x-a=0$ 이 실근을 갖지 않기 위한 a의 범위를 구하여라.

10. 방정식 $x^2+2|x-1|=3$ 의 해를 구하여라.

11. $(\sqrt{2}-1)x^2-(\sqrt{2}+1)x+2=0$ 의 해를 구하여라.

12. 이차방정식 $x^2+ax+b=0$ 의 두 근이 $2+\sqrt{3}$, $2-\sqrt{3}$ 일 때, 이차방정식 $bx^2+ax+2=0$ 의 두 근의 합과 곱을 구하여라.

제 9 장 연립일차방정식

기 본 개 념 9 - 1

- 미지수가 2개인 연립일차방정식

  ① $x+y=1$　　② $x-2y=1$

  와 같이 미지수가 2개이고 식이 2개인 연립방정식

- 미지수가 2개인 연립일차방정식의 풀이

  ⇨ 1개의 미지수를 소거하여 미지수가 1개인 일차방정식으로 만든다.
  가감법, 대입법, 등치법 등의 방법이 있다.

  (1) 가감법 : 2×①+② 하면 $3x=3$ $\therefore x=1$
  $x=1$ 을 ①에 대입하면 $y=0$

  (2) 대입법 : ②에서 $x=2y+1$ 이고, 이식을 ①에 대입하면
  $2y+1+y=1 \Leftrightarrow 3y=0$ $\therefore y=0,\ x=1$

  (3) 등치법 : ① 에서 $x=-y+1$　②에서 $x=2y+1$
  $\therefore -y+1=2y+1$ $\therefore y=0,\ x=1$

- 미지수가 3개인 연립일차방정식의 풀이

  ⇨ 1개의 미지수를 소거하여 미지수가 2개인 연립일차방정식으로 만든다.

▸ 연립일차방정식은 보통 가감법이 많이 쓰인다.

기초예제

(1) 연립일차방정식 ① $x+y+1=0$　② $3x-y-5=0$ 을 풀어보자.
①+②에서 $4x-4=0$ $\therefore x=1$ 이다. $x=1$ 을 ①에 대입하면 $y=-2$

(2) 연립일차방정식 ① $2x+y+z=8$　② $3x-y+z=8$　③ $x+2y-z=1$ 을 풀어보자.
①+③에서 $3x+3y=9$ $\therefore x+y=3$ － ④
②+③에서 $4x+y=9$ $\therefore x+y=3$ － ⑤
⑤－④ 에서 $3x=6$ $\therefore x=2$
$x=2$ 을 ④에 대입하면 $y=1$, $x=2$, $y=1$ 을 ①에 대입하면 $z=3$

기 본 개 념 9-2

- 미지수가 2개인 연립일차방정식 ① $ax+by+c=0$ ② $a'x+b'y+c'=0$ 의 해 판별법

(1) $\frac{a}{a'} \neq \frac{b}{b'}$ ⇒ 한쌍의 해가 존재한다.

(2) $\frac{a}{a'} = \frac{b}{b'} \neq \frac{c}{c'}$ ⇒ 해가 없다.(불능)

(3) $\frac{a}{a'} = \frac{b}{b'} = \frac{c}{c'}$ ⇒ 해가무수히 많다.(부정)

기초예제

(1) 연립일차방정식 ① $x+2y+3=0$ ② $2x+3y-1=0$ 은

$\frac{1}{2} \neq \frac{2}{3}$ ⇒ 한쌍의 해가 존재한다.

(2) 연립일차방정식 ① $x+2y+3=0$ ② $2x+4y+1=0$ 은

$\frac{1}{2} = \frac{2}{4} \neq \frac{3}{1}$ ⇒ 해가 없다 .

(3) 연립일차방정식 ① $x+2y+3=0$ ② $2x+4y+6=0$ 은

$\frac{1}{2} = \frac{2}{4} = \frac{3}{6}$ ⇒ 해가 무수히많다 .

(4) 연립일차방정식 ① $x+2y+3=0$ ② $3x+ay+1=0$ 의 해가 존재하지 않을 조건은

$\frac{1}{3} = \frac{2}{a} \neq \frac{3}{1}$ 에서 $a=6$

(5) 연립일차방정식 $x+y=\ 2x-y=1$ 의해를 구하여 보자.

주어진 식은 ① $x+y=1$ ② $2x-y=1$ 로 나누어 쓸 수 있다.

연립일차방정식 ①, ②의 해를 구하면 $x=\frac{2}{3}$, $y=\frac{1}{3}$

연습문제 9

1. 연립일차방정식 ① $x+y=10$ ② $2x-y=2$ 의 해를 구하여라.

2. 연립일차방정식 ① $x-y+1=0$ ② $x+2y+5=0$의 해를 구하여라.

3. 연립일차방정식 ① $x+y-z=1$ ② $x-y+z=2$ ③ $-x+y+z=3$의 해를 구하여라.

4. 연립일차방정식 $2x+y=x-2y=1$의 해를 구하여라.

5. 연립일차방정식 $2x+4y+z=x-2y-z=3x-y-2z=1$의 해를 구하여라.

6. 연립일차방정식 ① $ax+3y=1$ ② $3x+4y=1$이 해를 갖지 않도록 a의 값을 정하여라.

7. 연립일차방정식 ① $2x+ay=-1$ ② $x+2y=-2$이 한 쌍의 근을 갖도록 a의 값을 정하여라.

8. 연립일차방정식 ① $x+y=5$ ② $y+z=10$ ③ $x+z=3$ 의 해를 구하여라.

9. 연립일차방정식 ① $2x+ay=4$ ② $x+2y=2b$ 이 무수히 많은 근을 갖도록 a, b의 값을 정하여라.

10. 연립일차방정식 ① $ax+y=1$ ② $x+ay=1$ 의 해를 구하여라.

확인학습9 　 학번 : 　 성명 :

1. 다음 연립일차방정식의 해를 구하여라.
   ① $x-y=5$ ② $2x+y=1$

2. 다음 연립일차방정식의 해를 구하여라.
   $x+y=x-2y=4$

3. 다음 연립일차방정식의 해를 구하여라.
   ① $x+y+z=1$ ② $y+z=-2$
   ③ $x+z=3$

4. 다음 연립일차방정식의 해를 구하여라.
   ① $ax+y=1$ ② $x+y=a$

5. 다음 연립일차방정식이 해를 갖지 않도록 a의 값을 정하여라.
   ① $ax+3y=3$ ② $3x+6y=1$

6. 다음 연립일차방정식의 해를 구하여라.
   ① $2x+y+1=0$ ② $x-2y+4=0$

7. 다음 연립일차방정식의 해를 구하여라.
   $2z-x=2y-z=2x-y=1$

8. 다음 연립일차방정식의 해를 구하여라.
   ① $x-2y+z=2$ ② $x-y+2z=3$
   ③ $-2x+y+z=5$

9. 다음 연립일차방정식이 무수히 많은 근을 갖도록 a, b의 값을 정하여라.
   ① $2x-ay=2$
   ② $x+2y=a+b$

10. 다음 연립일차방정식이 한 쌍의 근을 갖도록 a의 값을 정하여라.
   ① $3x+ay=10$ ② $x+2y=-2$

제 10 장 일차부등식

기 본 개 념 10-1

- 부등식의 기본성질

(1) $a < b \Rightarrow a+m < b+m,\ a-m < b-m$

(2) $a < b,\ m > 0 \Rightarrow ma < mb,\ \dfrac{a}{m} < \dfrac{b}{m}$

(3) $a < b,\ m < 0 \Rightarrow ma > mb,\ \dfrac{a}{m} > \dfrac{b}{m}$

(4) $a < b,\ ab > 0 \Rightarrow \dfrac{1}{a} > \dfrac{1}{b}$

(5) $a < b,\ ab < 0 \Rightarrow \dfrac{1}{a} < \dfrac{1}{b}$

- 일차부등식의 풀이 : $ax > b$ 의 형태로 변형한 후 계산한다.

(1) $a > 0$일 때, $x > \dfrac{b}{a}$

(2) $a < 0$일 때, $x < \dfrac{b}{a}$

(3) $a = 0$일 때, $\begin{cases} b \geq 0\text{이면 해가 없다.} \\ b < 0\text{이면 해는 모든 실수이다.} \end{cases}$

기초예제

(1) $2 < 3 \Rightarrow 2\times(-3) > 3\times(-3)$, $2 < 5 \Rightarrow \dfrac{1}{2} > \dfrac{1}{5}$

(2) $-3 < -2 \Rightarrow \dfrac{1}{-3} > \dfrac{1}{-2}$, $-2 < 5 \Rightarrow \dfrac{1}{-2} < \dfrac{1}{5}$

(3) $-3x < 6 \Rightarrow x > \dfrac{6}{-3} = -2$, $2x < 4 \Rightarrow x < \dfrac{4}{2} = 2$

(4) $ax+5>2x+a$ 의 해를 구하여 보자.

$ax+5>2x+a \quad \Leftrightarrow (a-2)x>a-5$

① $a>2$일 때, $x>\dfrac{a-5}{a-2}$

② $a<2$일 때, $x<\dfrac{a-5}{a-2}$

③ $a=2$일 때, $0 \cdot x>-3$ 이므로 해는 모든실수이다.

기 본 개 념 10-2

- 연립일차부등식의 풀이

(1) 각각의 부등식을 푼다.

(2) 공통 범위를 구한다.

- 절대값의 성질(a,b가 양수일 때)

(1) $|x|<a \Rightarrow -a<x<a$

(2) $|x|>a \Rightarrow x<-a$ 또는 $x>a$

(3) $a<|x|<b \Rightarrow a<x<b$ 또는 $-b<x<-a$

기초예제

(1) $|x-1|<2 \Rightarrow -2<x-1<2$

$\therefore -1<x<3$

(2) $|x-1|>1 \Rightarrow x-1>1$ 또는 $x-1<-1$

$\therefore x>2$ 또는 $x<0$

(3) $1 \le |x-1|<2 \Rightarrow 1 \le x-1<2$ 또는 $-2<x-1 \le -1$

$\therefore 2 \le x<3$ 또는 $-1<x \le 0$

연습문제 10

1. 일차부등식 $2x+6>3x-2$ 의 해를 구하여라.

2. 일차부등식 $ax+2>3x+4a$ (a는 상수)의 해를 구하여라.

3. 일차부등식 $\dfrac{x-1}{2}>\dfrac{2x+1}{3}$ 의 해를 구하여라.

4. 연립일차부등식 $x+1<3-x<6x$ 의 해를 구하여라.

5. 일차부등식 $|2x-4|>6$ 의 해를 구하여라.

6. 일차부등식 $|-2x+1|>3$ 의 해를 구하여라.

7. 일차부등식 $2\le|x-1|<5$ 의 해를 구하여라.

8. 일차부등식 $1\le|5-2x|<10$ 의 해를 구하여라.

9. 연립부등식 $\begin{cases} x-1>4x+2 \\ x-2<2x+1 \end{cases}$ 의 해를 구하여라.

10. 모든 실수 x에 대하여 $ax-a>x-3$ 이 성립 할 때 a의 값을 구하여라.

확인학습10	학번 :	성명 :

1. 일차부등식 $2x+5 \leq 3x-2$ 의 해를 구하여라.

2. 일차부등식 $ax+2 > 3x-6a$ (a는 상수) 의 해를 구하여라.

3. 일차부등식 $\frac{x-1}{2} > \frac{x+1}{3} - 1$ 의 해를 구하여라.

4. 일차부등식 $|3x-2| > 1$ 의 해를 구하여라.

5. 연립부등식 $\begin{cases} 2x-3 > 2x+1 \\ x-2 < 2x+1 \end{cases}$ 의 해를 구하여라.

6. 연립일차부등식 $x+3 < 3-x < 6x+5$ 의 해를 구하여라.

7. 일차부등식 $|-2x+1| > x-1$ 의 해를 구하여라.

8. 일차부등식 $0 \leq |2x+1| < 5$ 의 해를 구하여라.

9. 일차부등식 $1 \leq |5-x| < 7$ 의 해를 구하여라.

10. $(a+1)x > x+a+5$ 의 해가 존재하지 않기 위한 a의 값을 구하여라.

제 11 장 이차부등식

기 본 공 식 11-1

- 이차방정식 $f(x)=ax^2+bx+c=0(a>0)$에서 $f(x)=0$의 두 근을 α, $\beta(\alpha \leq \beta)$,
  판별식 $D=b^2-4ac$라 할 때

판별식	$D>0$	$D=0$	$D<0$
$y=ax^2+bx+c$ 의 그래프	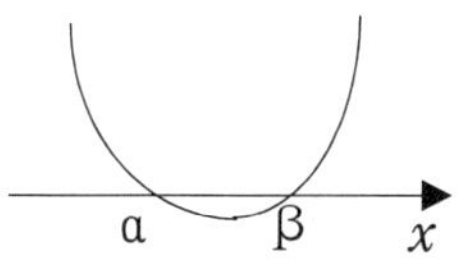	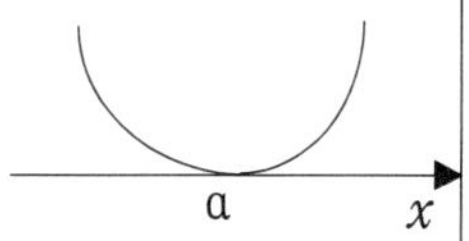	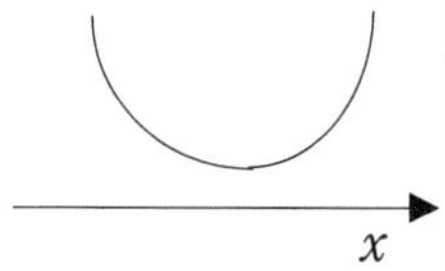
$ax^2+bx+c=0$ 의 해	2개	1개	없다
$ax^2+bx+c>0$ 의 해	$x<\alpha$, $x>\beta$	$x\neq\alpha$인 모든 실수	모든 실수
$ax^2+bx+c<0$ 의 해	$\alpha<x<\beta$	없다.	없다.

- 절대부등식
  $a\neq0$이고, 모든 실수 x에 대하여
  $ax^2+bx+c>0 \Leftrightarrow a>0,\ D<0,\qquad ax^2+bx+c<0 \Leftrightarrow a<0,\ D<0$

- 실근의 개수
  (1) 방정식 $f(x)=0$ 의 실근 개수는
  함수 $y=f(x)$ 의 그래프와 x축의 교점 개수이다.

  (2) 방정식 $f(x)=g(x)$ 의 실근 개수는
  함수 $y=f(x)$ 의 그래프와 함수 $y=g(x)$ 그래프와의
  교점 개수이다.

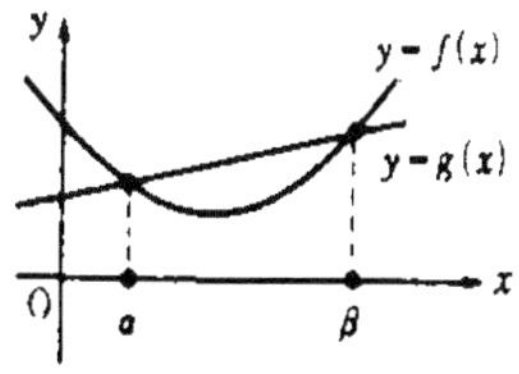

  (3) 부등식 $f(x)<g(x)$ 의 해는 함수 $y=f(x)$의 그래프가
  함수 $y=g(x)$ 의 그래프보다 아래에 있는 x의 범위이다.
  특히 $f(x)<0$ 의 해는 함수 $y=f(x)$ 의 그래프가 x축
  $(y=0)$보다 아래에 있는 x의 범위이다.

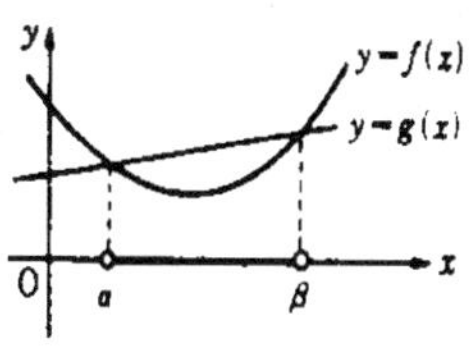

▸ 방정식이나 부등식의 해는 조건을 만족하는 x의 범위를 말한다.

▸ 그래프를 그려보면 해의 범위를 명확히 알 수 있다.

기초예제

(1) 이차부등식 $x^2-5x+6>0$ 의 해는

$x^2-5x+6=(x-2)(x-3)=0 \quad \Leftrightarrow x=2, 3$ 이므로

$\therefore \quad x<2$ 또는 $x>3$

(2) 이차부등식 $2x^2-3x+1<0$ 의 해는

$2x^2-3x+1=(2x-1)(x-1)=0 \quad \Leftrightarrow x=\frac{1}{2}, 1$ 이므로

$\therefore \quad \frac{1}{2}<x<2$

(3) 이차부등식 $x^2+4x+4 \le 0$ 의 해는

$x^2+4x+4=(x+2)^2=0 \quad \Leftrightarrow x=-2$ 이므로

$\therefore \quad x=-2$

(4) 이차부등식 $-x^2+10x-21>0$ 의 해는

$-x^2+10x-21>0 \quad \Leftrightarrow \quad x^2-10x+21<0$ 이고

$x^2-10x+21=(x-7)(x-3)=0 \quad \Leftrightarrow x=3, 7$ 이므로

$\therefore \quad 3<x<7$

(5) 이차부등식 $2x^2-2x+1<0$ 은 $D=4-8=-4<0$ 이므로 해가 없다.

(6) 이차부등식 $2x^2-3x+5>0$ 은 $D=4-8=9-40=-31<0$ 이므로 해는 모든 실수이다.

(7) 임의의 실수 x 에 대하여 부등식 $x^2>mx-2$가 성립하는 상수 m의 값의 범위를 구하여보자. $x^2>mx-2 \Leftrightarrow x^2-mx+2>0$ 에서 $D=m^2-8<0$ 이어야 하므로

$-2\sqrt{2}<m<2\sqrt{2}$

연습문제 11

1. 이차부등식 $x^2-3x-1>0$ 의 해를 구하여라.

2. 이차부등식 $4x^2-4x+1<0$ 의 해를 구하여라.

3. 이차부등식 $x^2-x+1>0$ 의 해를 구하여라.

4. 이차부등식 $x^2-x+3>0$ 의 해를 구하여라.

5. 이차부등식 $x^2-6x+19\le 0$ 의 해를 구하여라.

6. 연립부등식 $\begin{cases} 4x+3<2x+4 \\ x^2-2x\ge 3 \end{cases}$ 의 해를 구하여라.

7. 연립이차부등식 $2x+5<x^2<7x+8$ 의 해를 구하여라.

8. 이차부등식 $|x^2-1|<3$ 의 해를 구하여라.

9. 이차부등식 $x^2+bx+c<0$ 의 해가 $1<x<2$일 때 $b+c$를 구하여라.

10. 이차부등식 $ax^2+bx-1>0$ 의 해가 $x<-1$ 또는 $2<x$ 일 때 $a+b$를 구하여라.

확인학습11 학번 : 성명 :

1. 이차부등식 $x^2+2x-35>0$ 의 해를 구하여라.

2. 이차부등식 $-x^2+5x-9>0$ 의 해를 구하여라.

3. 이차부등식 $x^2-6x+1-3\ge 0$ 의 해를 구하여라.

4. 연립이차부등식 $2x+3< x^2 <5x+6$ 의 해를 구하여라.

5. 연립부등식 $\begin{cases}2x-2<2x+4 \\ (x-2)(x-8)\le 0\end{cases}$ 의 해를 구하여라.

6. 이차함수 $f(x)=x^2-2x+4$ 의 그래프와 $g(x)=x^2+2x-6$ 의 그래프의 교점의 개수를 구하여라.

7. 이차부등식 $x^2-16x+64\le 0$ 의 해를 구하여라.

8. 이차부등식 $x^2-2x+4<0$ 의 해를 구하여라.

9. 이차부등식 $|x^2+2x|<1$ 의 해를 구하여라.

10. 이차부등식 $x^2+bx+c<0$ 의 해가 $2<x<5$일 때 $b+c$를 구하여라.

11. 이차부등식 $ax^2+bx+3>0$ 의 해가 $x<1$ 또는 $3<x$ 일 때 $a+b$를 구하여라.

12. 이차함수 $f(x)=x^2-x+1$ 의 그래프와 $g(x)=-x^2+2x-1$ 의 그래프의 교점의 개수를 구하여라.

제 12 장 함수

기 본 개 념 12-1

- 두 집합 X, Y에 대하여 X의 각 원소에 Y의 원소가 오직 하나씩 대응하는 관계를 X에서 Y로의 **함수** 라 한다. 함수는 보통 f, g, h등의 문자로 나타내고 X에서 Y로의 함수 f를 $f: X \to Y$로 나타낸다.

- 함수 f에 의하여 X의 원소 x에 Y의 원소 y가 대응하는 것을 $y=f(x)$로 나타내고 y**는** x**의 함수**라 한다. 이 때 y를 f에 의한 x의 **상(또는 함수값)**이라 하고 $f(x)$로 나타낸다. 또, y에 대하여 x를 **역상(또는 원상)**이라 하고 x를 **독립변수,** y를 **종속변수**라고 한다.

- 함수 $f: X \to Y$에서 X, Y를 각각f의 **정의역, 공역**이라 하고, X의 임의의 원소에 대응하는 함수값 $f(x)$ 전체의 집합 $\{f(x) \mid x \in X\}$을 함수 f의 **치역**이라 하며 $f(X)$로 표현한다.

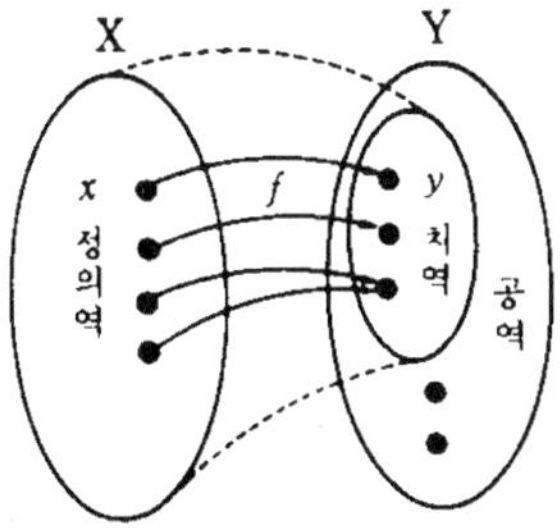

기초예제

(1) 두 집합 $X=\{0, 1, 2\}$, $Y=\{0, 1, 2, 3\}$에 대하여 함수f : $X \to Y$, $f(x)=|2x-1|$ 라 하면 $f(0)=|2\times 0-1|=1$, $f(1)=|2\times 1-1|=1$, $f(2)=|2\times 2-1|=3$ 이다.
$X=\{0, 1, 2\}$: 정의역, $Y=\{0, 1, 2, 3\}$: 공역, $f(X)=\{1, 3\}$: 치역

(2) 무리함수 $y=\sqrt{x-2}$ 의 정의역은 $\{x \mid x \geq 2\}$, 치역은 $\{y \mid y \geq 0\}$

(3) $f(x)=x^2-1$ 이면 $f(2x-1)=(2x-1)^2-1=4x^2-4x$

(4) ① 사람 → 키, 사각형 → 면적, 사람 → 생일 등의 대응관계는 함수이다.
② 사람 → 사진, 혈액형 → 사람, 선생님 → 배우는 학생 등의 대응관계는 함수가 아니다.

기 본 개 념 12-2

- 두 함수 $f: X \to Y$, $g: S \to T$에서 $X=S$이고, X에 속하는 임의의 원소 x에 대하여 $f(x)=g(x)$이면 두 함수 f, g는 **같다** 하고 $f=g$로 나타낸다.

- 함수 $f: X \to Y$에서
  (1) f : **전사함수** $\Leftrightarrow$ 치역과 공역이 일치할 때 즉, $\{f(x) \mid x \in X\} = Y$
  (2) f : **단사함수** $\Leftrightarrow$ X의 임의의 원소 x_1, x_2에 대하여 $x_1 \neq x_2$이면 $f(x_1) \neq f(x_2)$
  (3) f : **전단사함수(일대일대응함수)** $\Leftrightarrow$ f : 전사함수 이고 단사함수

- 함수 $f: X \to Y$에서 X의 임의의 원소 x에 대하여 $f(x)=x$이면 f를 **항등함수**라 한다.

- 함수 $f: X \to Y$ 에서 집합 X의 모든 원소가 집합 Y의 원소 오직 하나에만 대응할 때 함수 f 를 **상수함수**라고 한다.

- 함수 $y=f(x)$에 대하여
  (1) f: **우함수** $\Leftrightarrow$ $f(x)=f(-x)$ $\Leftrightarrow$ y축에 대칭 (짝수차수 형태의 함수)
  (2) f: **기함수** $\Leftrightarrow$ $f(x)=-f(-x)$ $\Leftrightarrow$ 원점에 대칭 (홀수차수 형태의 함수)

기초예제

(1) $y=3$ 은 상수함수이다.

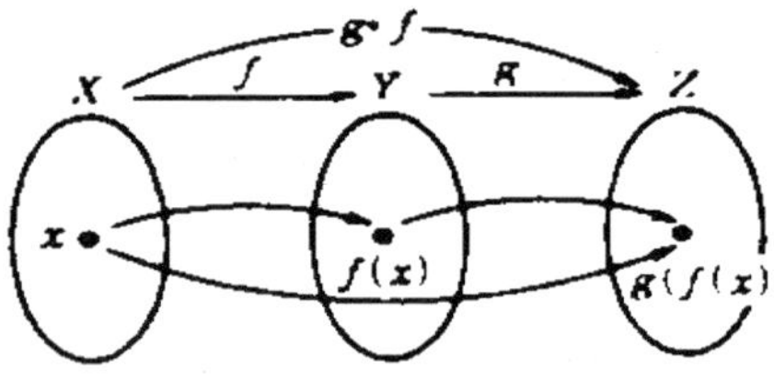

(2) $y=x$ 은 항등함수이며 전단사함수이다.

(3) $y=-x+1$ 은 전단사함수이다.

(4) $y=\sqrt{x-2}$ 은 정의역 $\{x \mid x \geq 2\}$ 인 단사함수이다.

(5) $f(x)=x^2$ 은 우함수이고, $f(x)=x^3$ 기함수이다.

(6) $y=|x-1|$ 은 전사함수도 단사함수도 아니다.

기본개념 12-3

- 두 함수 $f:X\to Y$, $g:Y\to Z$가 주어져 있을 때 $(g\circ f)(x)=g(f(x))$로 정의되는 새로운 함수 $g\circ f:X\to Z$를 f와 g의 **합성함수**라 한다.

- 함수 $f:X\to Y$가 전단사함수이고, 임의의 $x\in X$에 대하여 $y=f(x)$일 때 $g:Y\to X$, $g(y)=x$인 함수 g를 f의 **역함수**라 하고 $g=f^{-1}$로 나타낸다.

  ⇨ $f^{-1}\circ f=f\circ f^{-1}=I$: 항등함수, $(g\circ f)^{-1}=f^{-1}\circ g^{-1}$

- 함수 $f:X\to Y$에 대하여, 정의역 X의 원소 x와 함수값 $f(x)$의 순서쌍 $(x, f(x))$ 전체의 집합 $G(f)=\{(x, f(x))\mid x\in X\}$를 함수 f의 **그래프**라 한다.

▸ $y=f(x)$의 역함수는 함수를 x에 관하여 정리한 후 $x=g(y)$로 변형한 후 x와 y를 바꾼다.

기초예제

(1) $f(x)=2x+1$, $g(x)=x-1$일 때, $(g\circ f)(x)=g(f(x))=g(2x+1)=2x+1-1=2x$이고
$(f\circ g)(x)=f(g(x))=f(x-1)=2(x-1)+1=2x-1$ 이다. 일반적으로 $g\circ f\neq f\circ g$
$(g\circ f)(3)=g(f(3))=g(7)=6$

(2) $f(x)=2x+1$ 의 역함수를 구하여 보자.
$y=2x+1$에서 $x=\frac{1}{2}(y-1)$, x와 y를 바꾸면 $y=\frac{1}{2}(x-1)$ 이다. $\therefore f^{-1}(x)=\frac{1}{2}(x-1)$

(3) 두 집합 $X=\{0, 1, 2\}$, $Y=\{0, 1, 2, 3\}$에 대하여 함수 $f:X\to Y$, $f(x)=|2x-1|$라 하면 $G(f)=\{(0, 1), (1, 1), (2, 3)\}$이고 그림으로 표현하면 다음과 같다.

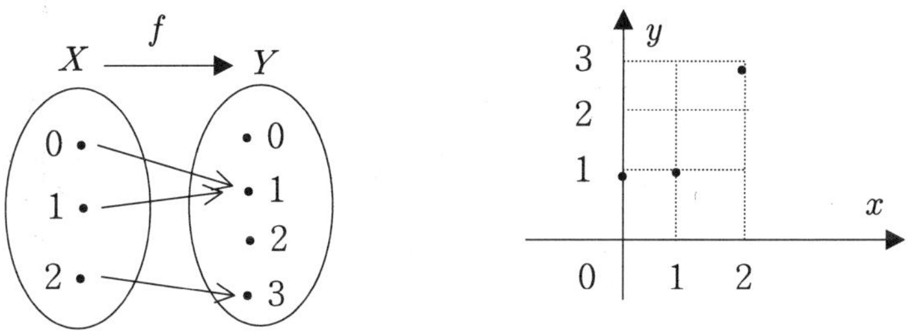

기 본 개 념 12-4

- 함수 $y=f(|x|)$의 그래프

  (1) $y=f(x)$ $(x \geq 0)$을 그린다. (2) y축에 대칭으로 그린다.

- $|y|=f(x)$의 그래프

  (1) $y=f(x)$ $(y \geq 0)$을 그린다. (2) x축에 대칭으로 그린다.

- $|y|=f(|x|)$의 그래프

  (1) $y=f(x)$ $(x, y \geq 0)$을 그린다. (2) x, y축, 원점에 대칭으로 그린다.

- 함수 $y=|f(x)|$ 의 그래프

  (1) $y=f(x)$을 그린다. (2) x축 밑의 그래프를 꺾어 올린다.

$y=f(\|x\|)$	$\|y\|=f(x)$	$\|y\|=f(\|x\|)$	$y=\|f(x)\|$
(예) $y=\|x\|-1$	(예) $\|y\|=x-1$	(예) $\|y\|=\|x\|-1$	(예) $y=\|x-1\|$
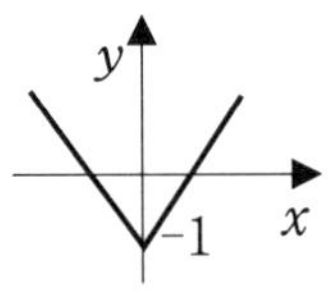	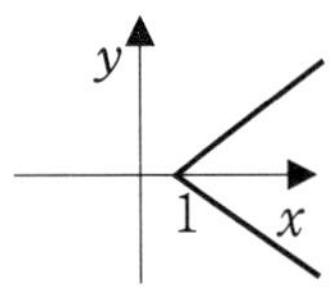	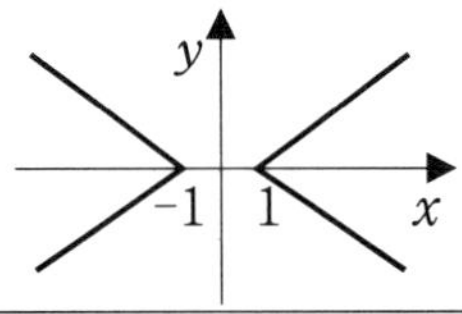	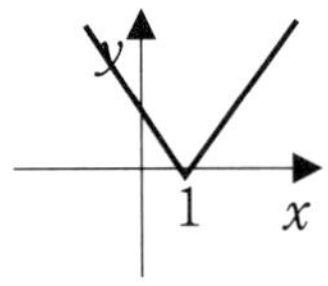

기초예제

(1) 함수 $y=x^2-4x+3$ 에 대하여 다음 그래프를 그려보자.

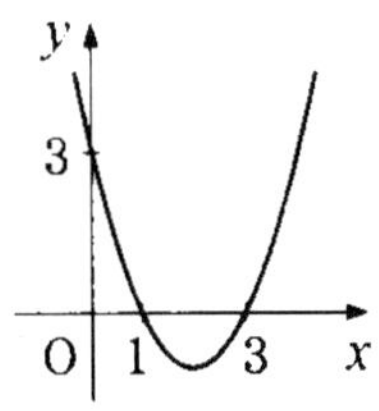

$y=x^2-4x+3$

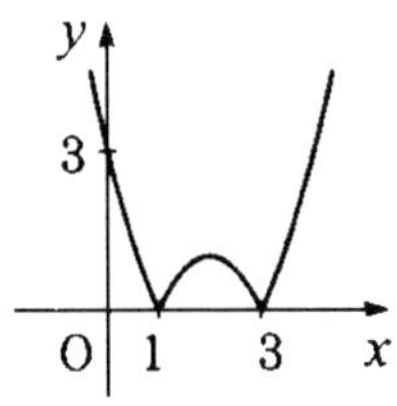

① $y=|x^2-4x+3|$

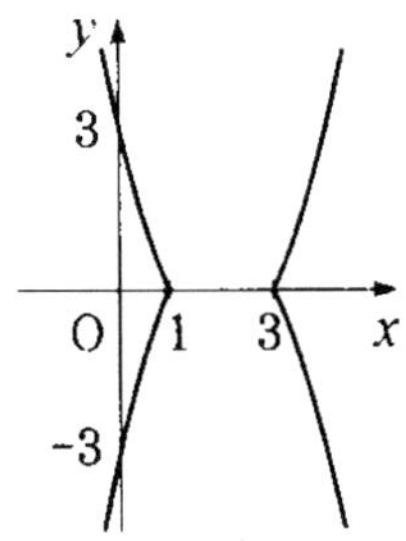

② $|y|=x^2-4x+3$

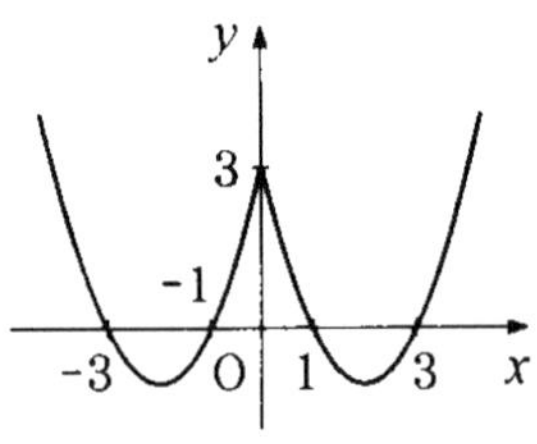

③ $y=|x|^2-4|x|+3$

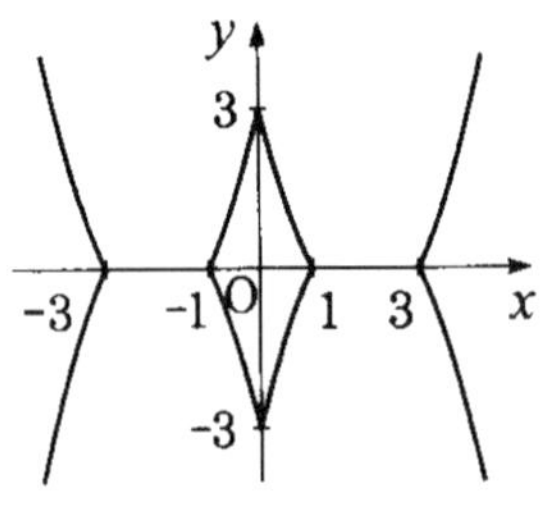

④ $|y|=|x|^2-4|x|+3$

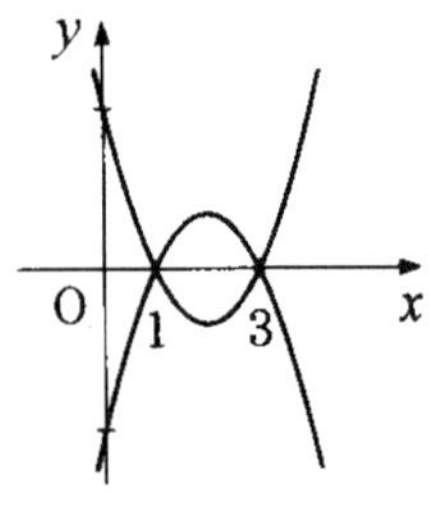

⑤ $|y|=|x^2-4x+3|$

연습문제 12

1. 두 집합 $X=\{1, 2, 4\}$, $Y=\{0, 1, 2, 3, 4\}$ 에 대하여 함수$f : X \to Y$, $f(x)=x-1$ 의 치역을 구하고 그래프를 그려라.

2. 함수 $f(x)=2x^2-x+1$ 일 때, $f(x+1)$를 구하여라.

3. 두 집합 $X=\{1, 2, 3\}$ 일 때 X에서 X로의 함수의 개수와 전단사함수의 개수를 구하여라.

4. $f(x)=2x+1$, $g(x)=3x+2$ 일 때, $g \circ f$와 $f \circ g$ 를 구하여라.

5. 두 함수 $f(x)=2x+3$, $g(x)=x+k$ 에 대하여 $g \circ f = f \circ g$ 가 성립하도록 상수 k의 값를 구하여라.

6. $f\left(\dfrac{x-1}{x+1}\right)=\dfrac{x-2}{x+2}$ 일 때, $f(3)$을 구하여라.

7. $f(x)=2x+6$ 의 역함수를 구하여라.

8. $f(x)=x^2-1$ $(x \geq 0)$ 의 역함수를 구하여라.

9. $f(x)=ax+b$ 일 때, $f(1)=0$ 이고 $f^{-1}(2)=-1$ 을 만족하는 상수 a, b를 구하여라.

10. $f : x \to 2x$, $g : x \to (x-1)$ 일 때, $g^{-1} \circ f^{-1}$ 을 구하여라.

11. $f(x) = x+2$, $g(x) = -2x+3$ 에 대하여 $(g^{-1} \circ f)(a) = 2$ 인 a를 구하여라.

12. $f(x) = x^2 - 2x \ (x \geq 1)$ 일 때, $f^{-1}(3)$ 의 값을 구하여라.

13. $f(x) = 2x^2 + 1$ 이 우함수임을 증명하여라.

14. $f(x) = -x^3$ 이 기함수임을 증명하여라.

15. $f(x) = x - \dfrac{1}{x}$ 이 우함수인지 기함수인지 확인하여라.

확인학습12 　　　　학번 : 　　　　성명 :

1. 두 집합 $X=\{1, 2, 3, 4, 5\}$ 일 때 X에서 X로의 함수의 개수와 전단사함수의 개수를 구하여라.

2. 함수 $f(x)=2(x-1)^2-x$ 일 때, $f(x+1)$를 구하여라.

3. $X=\{1, 2, 3\}$, $Y=\{0, 1, 2, 3, 4\}$ 에 대하여 함수 $f: X \to Y$, $f(x)=2x-2$ 의 치역을 구하고 그래프를 그려라.

4. $f(x)=2x^2-8\ (x \geq 0)$ 의 역함수를 구하여라.

5. $f(x)=-x+2$, $g(x)=2x-1$ 에 대하여 $(g^{-1} \circ f)(a)=1$ 인 a를 구하여라.

6. $f(x)=\dfrac{1}{2}(x+1)-3$ 의 역함수를 구하여라.

7. 두 함수 $f(x)=2x+3$, $g(x)=4x+k$ 에 대하여 $g \circ f = f \circ g$ 가 성립하도록 상수 k의 값를 구하여라.

8. $f(x)=2x-1$, $g(x)=2x-3$ 일 때, $g \circ f$와 $f \circ g$ 를 구하여라.

9. $f(x)=ax+b$ 일 때, $f(1)=1$ 이고 $f^{-1}(3)=-1$ 을 만족하는 상수 a, b를 구하여라.

10. $f\left(\dfrac{x-2}{x+2}\right)=\dfrac{x-1}{x+1}$ 일 때, $f(3)$을 구하여라.

11. $f: x \to -x$, $g: x \to (2x-1)$ 일 때, $g^{-1} \circ f^{-1}$ 을 구하여라.

12. $f(x)=-x^2+2$ 이 우함수임을 증명하여라.

제 13 장 일차함수의 그래프

기 본 개 념 13-1

- 일차함수의 정의

  함수 $y=f(x)$ 가 x에 대한 일차식 $y=ax+b(a\neq 0)$ 의 꼴로 나타내어지는 함수로 그래프 모양은 직선이다.

- 함수 그래프의 x절편과 y절편

  ① x절편 : 함수의 그래프가 x축과 만나는 점의 x좌표

  ⇨ $y=0$ 일 때 x값을 구한다.

  ② y절편 : 함수의 그래프가 y축과 만나는 점의 y좌표

  ⇨ $x=0$ 일 때 y값을 구한다.

- 일차함수 $y=ax+b(a\neq 0)$ 의 그래프

  ① 기울기가 a이고, y절편이 b인 직선이다.

  ② x절편은 $-\dfrac{b}{a}$이다.

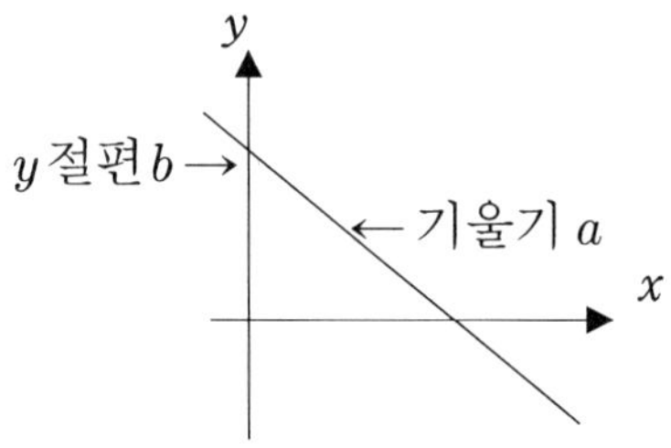

※ 축에 평행한 방정식의 그래프

① $x=a$ 의 그래프

⇨ 점 $(a, 0)$을 지나고, y축에 평행한 그래프

② $y=b$ 의 그래프

⇨ 점 $(0, b)$을 지나고, x축에 평행한 그래프

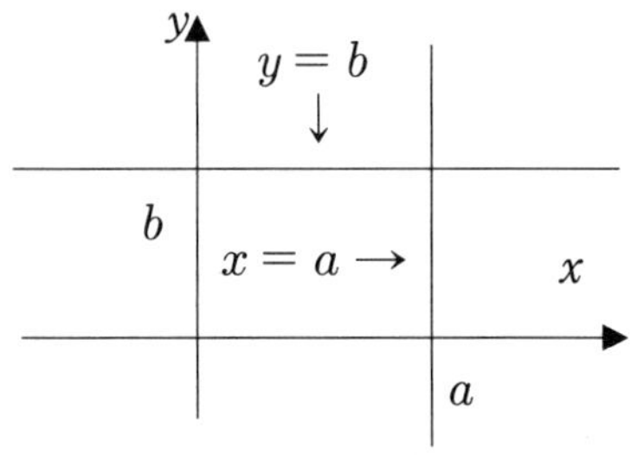

※ 일차함수 $y=ax+b$ 그래프 그리는 순서

① y절편 b을 구한다.

② $a>0$ 이면 증가함수

③ $a<0$ 이면 감소함수

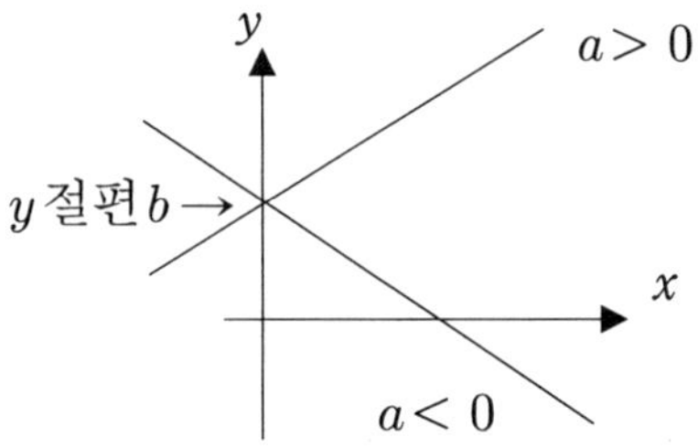

기초예제

(1) $y = 2x$, $y = 2x-1$, $y = -\frac{2}{3}x+1$ 은 일차함수이다.

(2) $y = x^2$, $y = \frac{1}{x}$, $y = 5$ 은 일차함수가 아니다.

(3) 함수 $y = 2x-1$ 의 x절편은 $\frac{1}{2}$ 이고 y절편은 -1 이다.

(4) 일차함수 ① $y = 2x$, ② $y = -x+1$, ③ $y = \frac{1}{3}x$ 의 그래프는 다음과 같다.

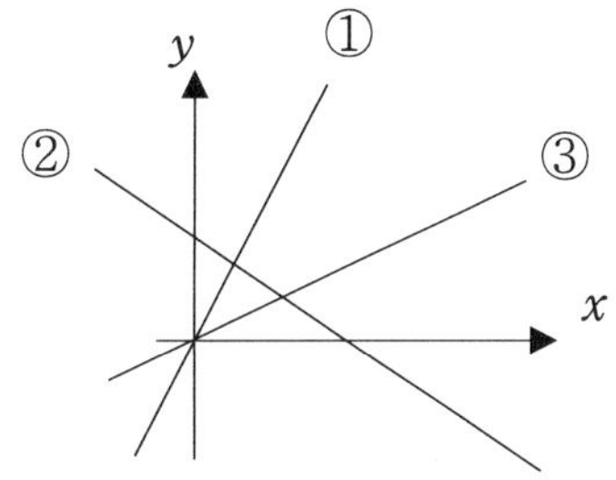

문제 13-1

(1) 함수 ① $y = x+2$ ② $y = x^2-x-2$ ③ $y = 5$ 의 x절편과 y절편을 구하여라.

【풀이】 ① x절편 -2, y절편 2 ② x절편 -1과 2, y절편 -2
③ x절편 없다, y절편 5

(2) 다음 함수의 그래프를 그리시오.
① $y = 2$ ② $y = x-1$ ③ $y = -2x$

【풀이】

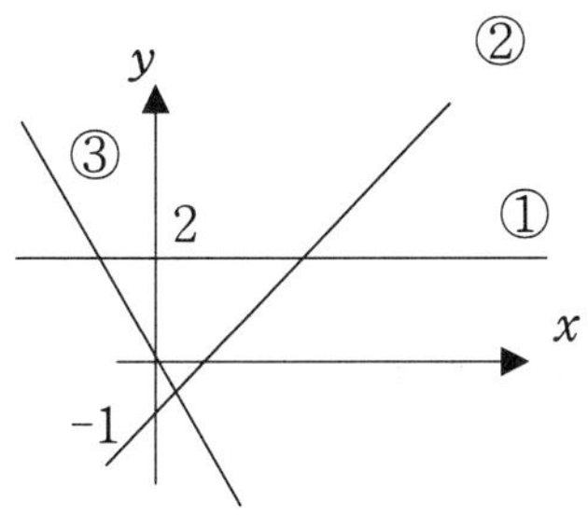

기본개념 13-2

- 기울기가 a이고, y절편이 b인 직선의 방정식

  $\Rightarrow \quad y = ax + b$

- 기울기가 a이고, 한 점 (x_1, y_1)을 지나는 직선의 방정식

  $\Rightarrow \quad y - y_1 = a(x - x_1)$

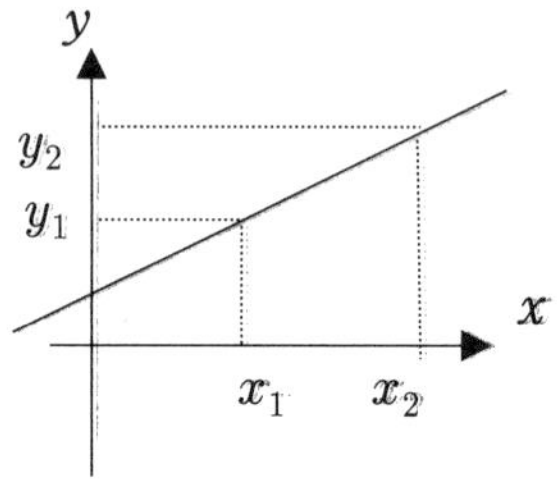

- 두 점 (x_1, y_1), (x_2, y_2)을 지나는 직선의 방정식

  $\Rightarrow \quad y - y_1 = \dfrac{y_2 - y_1}{x_2 - x_1}(x - x_1)$

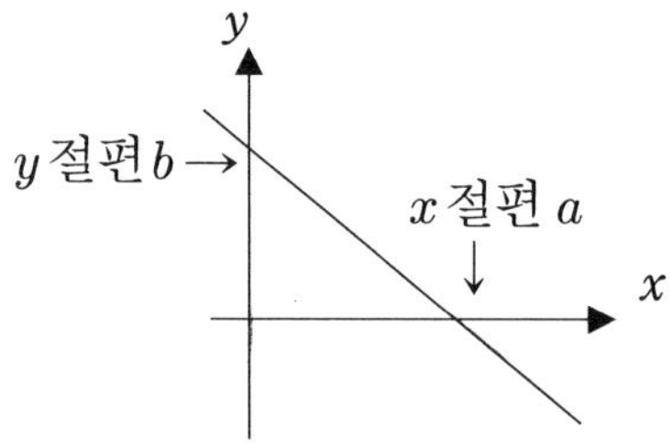

- x절편이 a이고, y절편이 b인 직선의 방정식

  $\Rightarrow \quad y = -\dfrac{b}{a}x + b \quad , \quad \dfrac{x}{a} + \dfrac{y}{b} = 1$

기초예제

(1) 기울기가 -3이고, y절편이 2인 직선의 방정식은 $y = -3x + 2$이다.

(2) 기울기가 2이고, 한 점 $(2, 3)$을 지나는 직선의 방정식은 $y - 2 = 2(x - 3)$이다.

(3) 두 점 $(2, 1)$, $(4, 5)$을 지나는 직선의 기울기는 $\dfrac{5-1}{4-2} = 2$이다.

(4) 두 점 $(2, 1)$, $(1, 3)$을 지나는 직선의 방정식은 $y - 1 = \dfrac{3-1}{1-2}(x-2)$이다.

(5) x절편이 2이고, y절편이 3인 직선의 방정식은 $y = -\dfrac{3}{2}x + 3 \Leftrightarrow \dfrac{x}{2} + \dfrac{y}{3} = 1$ 이다.

연습문제 13

※ 다음 함수의 그래프를 그리시오((1) ~ (8)).

1. $y=3$

2. $y=\frac{1}{2}x-1$

3. $y=2x$

4. $y=-x+2$

5. $y=-7x$

6. $y=-0.5x+2$

7. $y=-2$

8. $y=0.3x-\frac{1}{3}$

9. 기울기가 2이고, y절편이 $\frac{1}{5}$인 직선의 방정식을 구하여라.

10. 기울기가 $-\frac{1}{3}$이고, 한 점 $(2,\ 1)$을 지나는 직선의 방정식을 구하여라.

11. x절편이 -3이고, y절편이 3인 직선의 방정식을 구하여라.

12. 두 점 $(-1,\ 1)$, $(1,\ -2)$ 을 지나는 직선의 방정식을 구하여라.

13. 점 $(-1,\ a)$, $(b,\ 1)$이 $y=-x+1$ 위의 점일 때 $a+b$의 값은?

14. 일차함수 $y=ax+2$ 의 x절편이1일 때
a의 값을 구하여라.

15. 일차함수 $y=5x+2$ 에 평행하고 x절편이 -3인 직선의 방정식은?

16. 일차함수 $y=-x+1$ 에 수직이고 $(1,\ 2)$을 지나는 직선의 방정식은?

확인학습13　　　학번 :　　　성명 :

※ 다음 함수의 그래프를 그리시오((1) ~ (8)).

1. $y=\frac{7}{2}$

2. $y=\frac{1}{2}x+3$

3. $y=\sqrt{2}x$

4. $y=-2x+5$

5. $y=-\frac{2}{3}x$

6. $y=-0.6x+\frac{3}{2}$

7. $y=-3$

8. $y=2.5x+\frac{1}{2}$

9. 기울기가 3이고, y절편이 $\frac{1}{2}$인 직선의 방정식을 구하여라.

10. 기울기가 $-\frac{2}{3}$이고, 한 점 $(3, 1)$을 지나는 직선의 방정식을 구하여라.

11. x절편이 2이고, y절편이 1인 직선의 방정식을 구하여라.

12. 두 점 $(-1, 2)$, $(1, -3)$ 을 지나는 직선의 방정식을 구하여라.

13. 점 $(-2, a)$, $(b, 1)$이 $y=x-1$ 위의 점일 때 $a+b$의 값은?

14. 일차함수 $y=ax-1$ 의 x절편이 3일 때 a의 값을 구하여라.

15. 일차함수 $y=-2x+1$ 에 평행하고 x절편이 3인 직선의 방정식은?

16. 일차함수 $y=-2x+1$ 에 수직이고 $(1, 2)$을 지나는 직선의 방정식은?

제 14 장 이차함수의 그래프

기 본 개 념 14-1

- 이차함수의 정의

  함수 $y=f(x)$ 가 x에 대한 이차식 $y=ax^2+bx+c\,(a\neq 0)$ 의 꼴로 나타내어지는 함수로 그래프의 모양은 포물선이다.

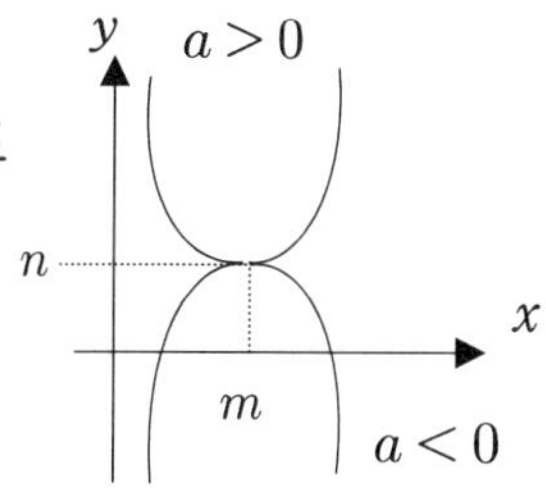

- 이차함수 $y=ax^2+bx+c=a(x-m)^2+n\,(a\neq 0)$ 의 그래프

  ① $a>0$일 때 아래로 볼록, $a<0$이면 위로 볼록인 포물선

  ② 대칭축 : $x=m=-\dfrac{b}{2a}$

  ③ 꼭지점 : $(m,\ n)=\left(-\dfrac{b}{2a},\ -\dfrac{b^2-4ac}{4a}\right)$

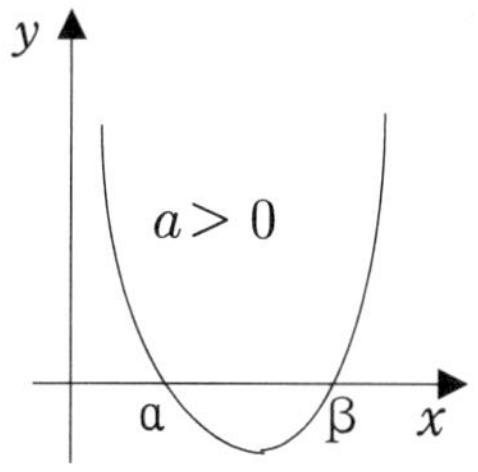

- 이차함수 $y=a(x-\alpha)(x-\beta)\,(a\neq 0)$ 의 그래프

  ⇨ x절편이 α, β인 포물선이다.

※ 이차함수 $y=ax^2+bx+c\,(a\neq 0)$ 의 그래프는 다음순서로 그린다.

① $y=a(x-m)^2+n$ 의 형태로 변형한다.

② 꼭지점의 좌표 $(m,\ n)$를 찾는다.

③ $a>0$이면 아래로 볼록, $a<0$이면 위로 볼록인 포물선을 그린다.

기초예제

(1) 이차함수 $y=2x^2+8x+6$ 은 $2x^2+8x+6=2(x^2+4x+4-4)+6=2(x+2)^2-2$ 이므로

$y=2(x+2)^2-2$ 로 변형되며 꼭지점이 $(-2,\ -2)$ 이고 아래로 볼록한 포물선이다.

(2) 이차함수 $y=2(x-1)(x-2)$ 은 x절편이 $1,\ 2$이며 아래로 볼록한 포물선이다.

(3) 이차함수 ① $y=x^2$, ② $y=-x^2+1$, ③ $y=2(x+1)^2-1$, ④ $y=-(x-2)^2$ 의 그래프는 다음과 같다.

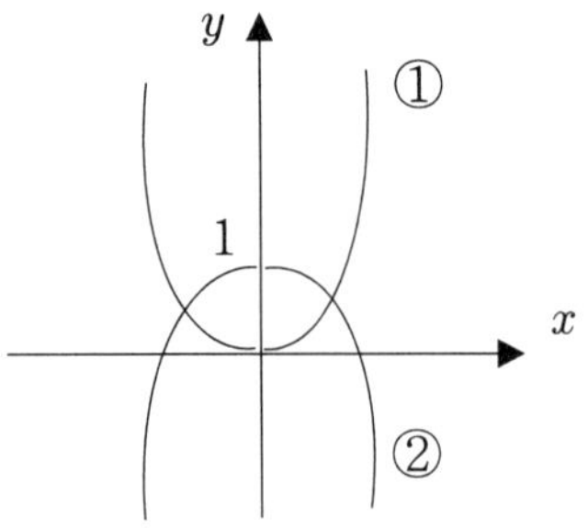

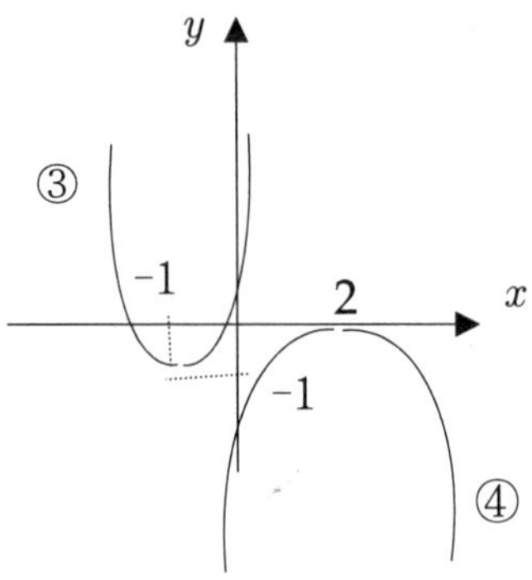

문제 14-1

(1) 다음 함수의 그래프를 그리시오.

① $y=(x+2)^2+1$ ② $y=2(x-2)^2$ ③ $y=-\dfrac{1}{2}x^2$ ④ $y=-\dfrac{1}{2}x^2-2$

【풀이】

① 꼭지점이 $(-2, 1)$이고 아래로 볼록인 포물선

② 꼭지점이 $(1, 0)$이고 아래로 볼록인 포물선

③ 꼭지점이 $(0, 0)$이고 위로 볼록인 포물선

④ 꼭지점이 $(0, -2)$ 이고 위로 볼록인 포물선

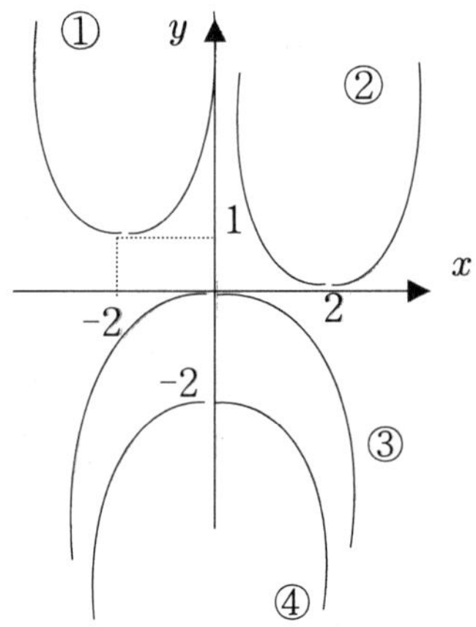

(2) 다음 이차함수의 꼭지점의 좌표를 구하여라.

① $y=x^2-1$ ② $y=3x^2+6x$

③ $y=-x^2+4x$ ④ $y=\dfrac{1}{3}(-x+2)^2$

【풀이】 ① $(0, -1)$: 꼭지점의 좌표

② $3x^2+6x=3(x^2+2x+1-1)=3(x+1)^2-3$ 이므로, $(-1, -3)$: 꼭지점의 좌표

③ $-x^2+4x=-(x^2-4x+4-4)=-(x-2)^2+4$ 이므로, $(2, 4)$: 꼭지점의 좌표

④ $(2, 0)$: 꼭지점의 좌표

기본개념 14-2

- 이차함수의 식 구하는 방법

(1) 꼭지점 $(p,\ q)$와 다른 한 점을 알 때

⇨ $y = a(x-p)^2 + q$ 에 한 점을 대입

(2) x축과의 교점 $(\alpha,\ 0),\ (\beta,\ 0)$과 다른 한 점이 주어질 때

⇨ $y = a(x-\alpha)(x-\beta)$ 에 한 점을 대입

(3) 세 점 $(x_1,\ y_1),\ (x_2,\ y_2),\ (x_3,\ y_3)$이 주어질 때

⇨ $y = ax^2 + bx + c$ 에 세 점을 대입

- 이차함수의 최대값과 최소값

꼭지점 $(p,\ q)$를 구하여 이차함수를 $y = a(x-p)^2 + q$ 꼴로 변형

(1) $a > 0$ 일 때

⇨ ① 최대값 없다.

② $x = p$ 일 때, 최소값 q를 갖는다.

(2) $a < 0$ 일 때

⇨ ① 최소값 없다.

② $x = p$ 일 때, 최대값 q를 갖는다.

기초예제

(1) 꼭지점 $(1,\ 1)$이고 점$(2,\ 3)$을 지나는 이차함수는$y = a(x-1)^2 + 1$에 점 $(2,\ 3)$을 대입하면 $a = 2$ 이다. $\therefore y = 2(x-1)^2 + 1$

(2) x축과의 교점이 $(1,\ 0),\ (3,\ 0)$이고 점$(2,\ 4)$을 지나는 이차함수는 $y = a(x-1)(x-3)$에 점$(2,\ 4)$을 대입하면 $a = -4$ 이다. $\therefore y = -4(x-1)(x-3)$

(3) 점 $(-1,\ 6),\ (0,\ 3),\ (1,\ 2)$ 을 지나는 이차함수는 $y = ax^2 + bx + c$ 에 세 점을 대입하면 $a - b + c = 6,\ c = 3,\ a + b + c = 2$ 이다. $\therefore a = 1,\ b = -2,\ c = 3$ 이므로 $y = x^2 - 2x + 3$

연습문제 14

1. 이차함수 $y=-x^2+3$ 의 꼭지점 좌표를 찾고 그래프를 그리시오.

2. 이차함수 $y=\frac{1}{3}(2x+3)^2$ 의 꼭지점 좌표를 찾고 그래프를 그리시오.

3. 이차함수 $y=2x^2-4x$ 의 꼭지점 좌표를 찾고 그래프를 그리시오.

4. 이차함수 $y=-\frac{1}{3}x^2+2x+1$ 의 꼭지점
좌표를 찾고 그래프를 그리시오.

5. 이차함수 $y=-x^2+4x+6$ 의 꼭지점 좌표를 찾고 그래프를 그리시오.

6. 이차함수 $y=-x^2+8x+6$ 의 최대값 또는 최소값을 구하여라.

7. 꼭지점 $(-1, -1)$ 이고 점$(2, 3)$을 지나는 이차함수를 구하여라.

8. x축과의 교점이 $(-1, 0)$, $(1, 0)$이고 점 $(3, 6)$을 지나는 이차함수를 구하여라.

9. 세 점 $(-1, 1)$, $(0, 1)$, $(1, 3)$을 지나는 이차함수의 꼭지점의 좌표를 구하여라.

10. x축과의 교점이 $(1, 0)$, $(5, 0)$이고 최소값이 -3인 이차함수를 구하여라.

11. 세 점 $(-1, 5)$, $(0, 2)$, $(1, 1)$을 지나는 이차함수의 꼭지점의 좌표를 구하여라.

12. 이차함수 $y=-x^2+2ax\ (a>0)$ 의 최대값이 4일 때, 상수a의 값을 구하여라.

확인학습14　　　학번 :　　　　성명 :

1. 이차함수 $y=-\frac{1}{2}x^2-2$ 의 꼭지점 좌표를 찾고 그래프를 그리시오.

2. 이차함수 $y=2(x+5)^2$ 의 꼭지점 좌표를 찾고 그래프를 그리시오.

3. 이차함수 $y=2x^2-6x$ 의 꼭지점 좌표를 찾고 그래프를 그리시오.

4. 이차함수 $y=\frac{2}{3}x^2-2x+1$ 의 꼭지점 좌표를 찾고 그래프를 그리시오.

5. 이차함수 $y=3x^2-12x+1$ 의 꼭지점 좌표를 찾고 그래프를 그리시오.

6. 이차함수 $y=x^2+4x+1$ 의 최대값 또는 최소값을 구하여라.

7. 꼭지점 $(-1,\ 1)$ 이고 점$(2,\ -2)$ 을 지나는 이차함수를 구하여라.

8. x축과의 교점이 $(-1,\ 0),\ (2,\ 0)$ 이고 점 $(1,\ 5)$ 을 지나는 이차함수를 구하여라.

9. 세 점 $(-1,-1),\ (0,\ 2),\ (1,\ 2)$ 을 지나는 이차함수를 구하여라.

10. x축과의 교점이 $(-1,\ 0),\ (7,\ 0)$ 이고 최대값이 8인 이차함수를 구하여라.

11. 세 점 $(2,-1),\ (0,\ 3),\ (1,\ 0)$ 을 지나는 이차함수의 꼭지점의 좌표를 구하여라.

12. 이차함수 $y=-2x^2+ax+b$ 는 $x=1$ 일 때 최대값이 4이다. 이때, 상수 $a+b$ 의 값을 구하여라.

제 15 장 분수함수와 무리함수의 그래프

기 본 개 념 15 - 1

(1) $y=\frac{k}{x}(k\neq0)$의 그래프

① 원점에 대하여 대칭인 직각쌍곡선이다.

② 점근선은 $x=0$(y축), $y=0$(x축)이다.

③ $k>0$일 때는 제 1, 3사분면에 그래프가 존재하고,
$k<0$일 때는 제 2, 4사분면에 그래프가 존재한다.

④ $|k|$ 가 클수록 곡선은 원점에서 멀어진다.

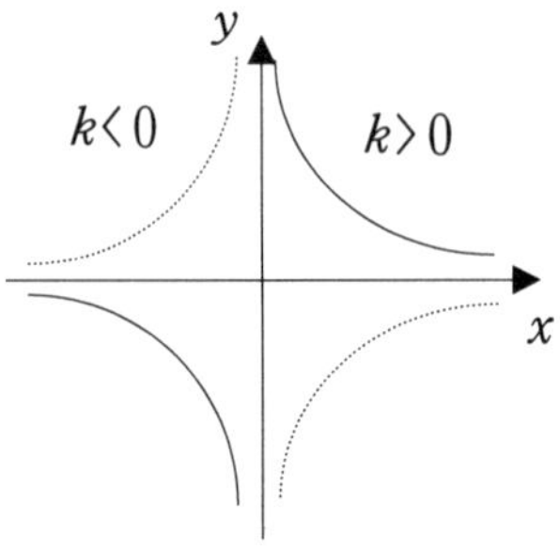

(2) $y=\frac{k}{x-a}+b$ $(k\neq0)$의 그래프 (표준형)

① $y=\frac{k}{x}$의 그래프를 x축, y축 방향으로 각각 a, b만큼 평행이동한 것이다.

② 점 (a, b)에 대하여 대칭인 직각쌍곡선이다.

③ 점근선은 $x=a$, $y=b$이다.

④ 정의역은 $R-\{a\}$, 치역은 $R-\{b\}$ 이다.

기초예제

(1) 분수함수 ① $y=\frac{1}{x-2}$, ② $y=-\frac{2}{x}-1$, ③ $y=\frac{1}{x-2}+1$의 그래프는 다음과 같다.

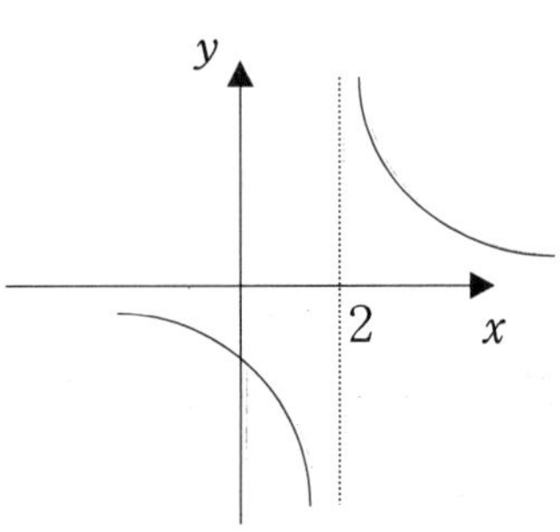

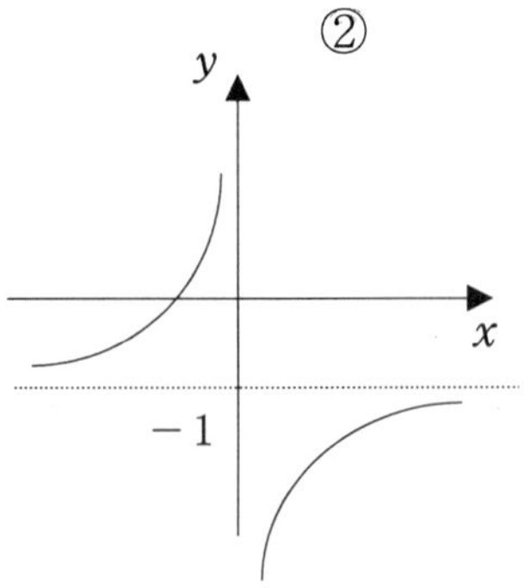

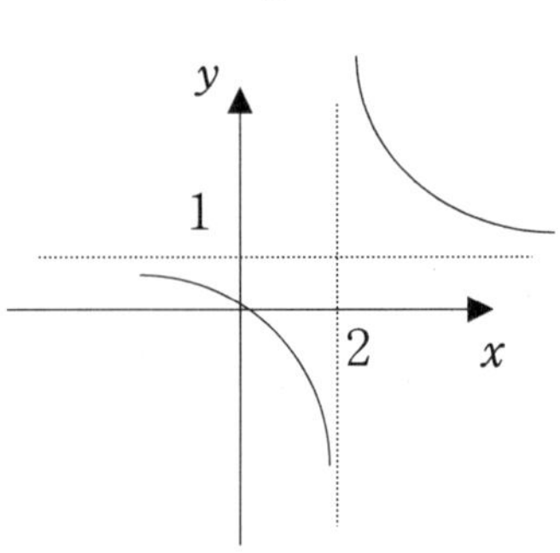

기 본 대 념 15 - 2

(1) $y=\sqrt{ax}$ $(a\neq 0)$의 그래프

① $y^2=ax$의 그래프에서 $y\geqq 0$인 부분의 그래프이다.

② $a>0$이면 제 1사분면, $a<0$이면 제 2사분면에 그래프가 그려진다.

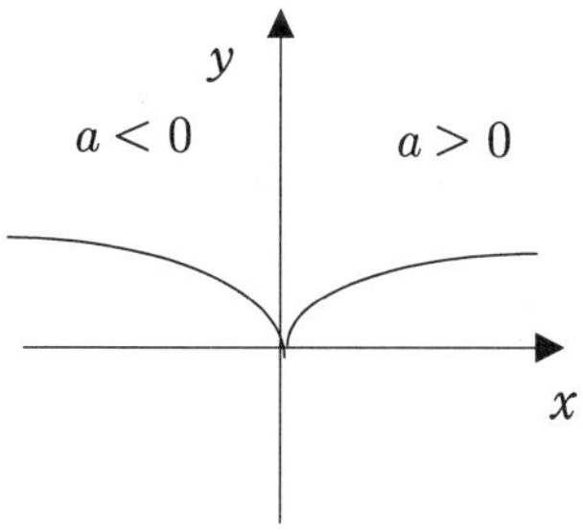

(2) $y=-\sqrt{ax}$ $(a\neq 0)$의 그래프

① $y^2=ax$의 그래프에서 $y\leqq 0$인 부분의 그래프이다.

② $a>0$이면 제 4사분면, $a<0$이면 제 3사분면에 그래프가 그려진다.

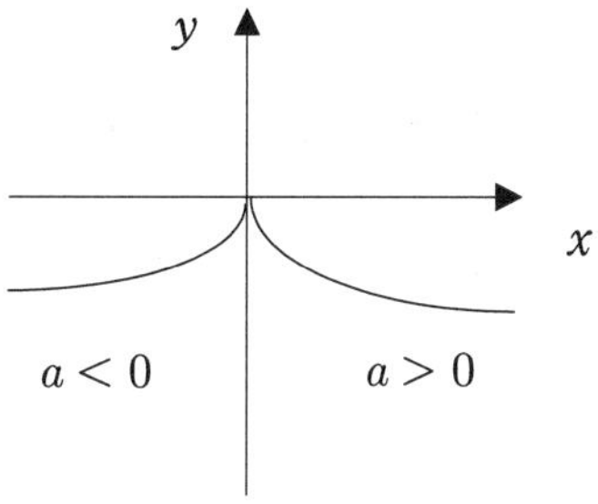

(3) $y=\sqrt{a(x-p)}+q$의 그래프

$y=\sqrt{ax}$의 그래프를 x축, y축 방향으로 각각 p, q만큼 평행이동한 것이다.

기초예제

(1) 분수함수 ① $y=\sqrt{x}+1$, ② $y=-\sqrt{-x+1}$, ③ $y=\sqrt{-x-1}+1$, ④ $y=-\sqrt{x-1}-1$ 의 그래프는 다음과 같다.

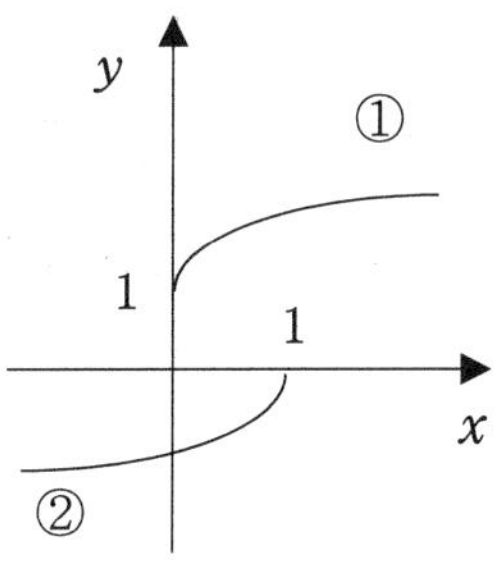

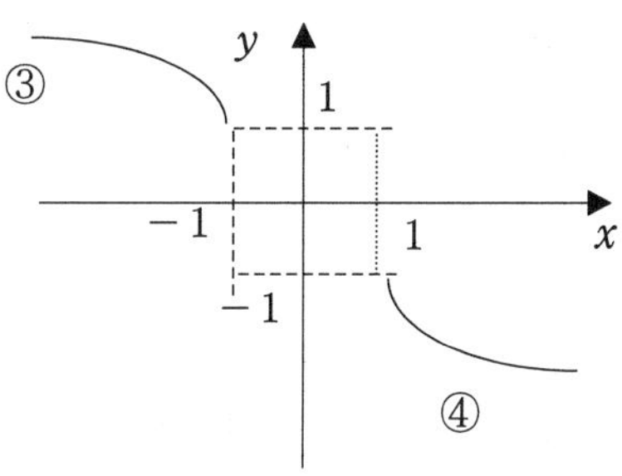

연습문제 15

1. 분수함수 $y=\dfrac{1}{2x-4}$의 점근선을 찾고 그래프를 그리시오.

2. 분수함수 $y=\dfrac{3}{x}-1$의 점근선을 찾고 그래프를 그리시오.

3. 분수함수 $y=\dfrac{-4}{x-2}-1$의 점근선을 찾고 그래프를 그리시오.

4. 분수함수 $y=\dfrac{-2}{-x+3}+1$의 점근선을 찾고 그래프를 그리시오.

5. 분수함수 $y=\dfrac{2}{-x+1}+3$의 점근선을 찾고 그래프를 그리시오.

6. 분수함수 $y=\dfrac{2x-6}{x-2}$의 점근선을 찾고 그래프를 그리시오.

7. 무리함수 $y=\sqrt{-2x}+1$ 의 끝점을 찾고 그래프를 그리시오.

8. 무리함수 $y=-\sqrt{x-1}+1$ 의 끝점을 찾고 그래프를 그리시오.

9. 무리함수 $y=-\sqrt{-x-1}$ 의 끝점을 찾고 그래프를 그리시오.

10. 무리함수 $y=\sqrt{2x+6}-1$ 의 끝점을 찾고 그래프를 그리시오.

11. 무리함수 $y=2\sqrt{3x-1}+3$ 의 끝점을 찾고 그래프를 그리시오.

12. 무리함수 $y=\dfrac{1}{2}\sqrt{-x}+5$ 의 끝점을 찾고 그래프를 그리시오.

확인학습15 학번 : 성명 :

1. 분수함수 $y=\dfrac{1}{3x+6}$ 의 점근선을 찾고 그래프를 그리시오.

2. 분수함수 $y=\dfrac{2}{x}+3$ 의 점근선을 찾고 그래프를 그리시오.

3. 분수함수 $y=\dfrac{-6}{x-3}+2$ 의 점근선을 찾고 그래프를 그리시오.

4. 분수함수 $y=\dfrac{-3}{-x+2}-2$ 의 점근선을 찾고 그래프를 그리시오.

5. 분수함수 $y=\dfrac{4}{-x+2}-1$ 의 점근선을 찾고 그래프를 그리시오.

6. 분수함수 $y=\dfrac{x-4}{x-2}+1$ 의 점근선을 찾고 그래프를 그리시오.

7. 무리함수 $y=\sqrt{-3x}+2$ 의 끝점을 찾고 그래프를 그리시오.

8. 무리함수 $y=-\sqrt{x-2}-1$ 의 끝점을 찾고 그래프를 그리시오.

9. 무리함수 $y=-\sqrt{-x+2}$ 의 끝점을 찾고 그래프를 그리시오.

10. 무리함수 $y=\sqrt{3x-6}+2$ 의 끝점을 찾고 그래프를 그리시오.

11. 무리함수 $y=3\sqrt{3x-2}-2$ 의 끝점을 찾고 그래프를 그리시오.

12 무리함수 $y=\dfrac{-1}{3}\sqrt{-2x}+1$ 의 끝점을 찾고 그래프를 그리시오.

제 16 장 지수와 로그

기본개념 16-1

- 임의의 실수 a를 $n(\in N)$ 번 곱한 것을 **a의 n제곱**이라 하고, a^n로 표현한다.
- $a>0$, $b>0$ 이고 $m, n \in N$일 때 다음 지수법칙이 성립한다.

  ① $a^m \times a^n = a^{m+n}$ ② $a^m \div a^n = a^{m-n}$ $(m>n)$

  ③ $(a^m)^n = a^{mn}$ ④ $(ab)^m = a^m b^m$

- $a \neq 0$일 때 $a^0 = 1$로 정의 한다.
- $a \neq 0$이고 $n \in N$일 때 $a^{-n} = \dfrac{1}{a^n}$ 로 정의 한다.
- $a>0$이고 $n \in N$일 때 $a^{\frac{1}{n}} = \sqrt[n]{a}$ 로 정의 한다.

※ m, n 이 실수일 때에도 위의 지수법칙은 성립한다.

기초예제

(1) $5 \times 5 \times 5 \times 5 = 5^4$ (2) $3^2 \times 3^3 = 3^{2+3} = 3^5$

(3) $7^5 \div 7^3 = 7^{5-3} = 7^2$ (4) $(2^3)^2 = 2^6$

(5) $(2 \times 3)^3 = 2^3 \times 3^3$ (6) $8^{\frac{1}{3}} = \sqrt[3]{8} = 2$

(7) $3^{-2} = \dfrac{1}{3^2} = \dfrac{1}{9}$ (8) $9^{\frac{3}{2}} = \left(9^{\frac{1}{2}}\right)^3 = 3^3 = 27$

문제 16-1

다음 식을 간단히 하여라.

(1) $(\sqrt{4} \div 2\sqrt[3]{2})^{-10}$ (2) $\dfrac{\sqrt{27} \times \sqrt[6]{3}}{\sqrt[6]{81}}$

【풀이】 (1) $(2^{1-\frac{4}{3}})^{-10} = 2^{\frac{10}{3}} = (2^{10})^{\frac{1}{3}} = \sqrt[3]{1024}$ (2) $3^{\frac{3}{2}+\frac{1}{6}-\frac{4}{6}} = 3$

기본개념 16-2

- 로그의 정의

$a>0$, $a\neq 1$이고 $y>0$ 일 때 $y=a^x \Leftrightarrow x=\log_a y$

- $a>0$, $a\neq 1$이고 $x, y>0$ 일 때 다음 로그의 성질이 성립한다.

① $\log_a a=1$ ② $\log_a 1=0$

③ $\log_a xy=\log_a x+\log_a y$ ④ $\log_a \frac{x}{y}=\log_a x-\log_a y$

⑤ $\log_a x^n=n\log_a x$ ⑥ $\log_a b=\frac{\log_c b}{\log_c a}$, $(c>0,\ c\neq 1)$

⑦ $a^{\log_a b}=b$, $(b>0,\ b\neq 1)$

기초예제

(1) $\log_4 4=1$ (2) $\log_5 1=0$

(3) $\log_2 24=\log_2 3+\log_2 8$ (4) $\log_2 2^8=8\log_2 2$

(5) $\log_2 \frac{24}{3}=\log_2 24-\log_2 3$ (6) $\log_4 20=\frac{\log_2 20}{\log_2 4}$

(7) $2^{\log_2 5}=5$ (8) $\log_2 16+\log_3 9+\log_{10} 1000=4+2+3=9$

문제 16-2

다음 식을 간단히 하여라.

(1) $\log_2 12+\log_2 3-\log_2 9$ (2) $\log_2 3\times\log_3 5\times\log_5 2$ (3) $2^{3\log_2 3-6\log_2 \sqrt[3]{3}}$

【풀이】 (1) (식) $=\log_2 \frac{12\times 3}{9}=\log_2 4=2$

(2) (식) $=\frac{\log_{10} 3}{\log_{10} 2}\times\frac{\log_{10} 5}{\log_{10} 3}\times\frac{\log_{10} 2}{\log_{10} 5}=1$

(3) (식) $=2^{\log_2 3^{3-\frac{6}{3}}}=3$

연습문제 16

1. $\sqrt[3]{\left(\frac{27}{8}\right)^2}$ 의 값을 구하여라.

2. $\frac{\sqrt{27}\times\sqrt[12]{9}}{\sqrt[6]{81}}$ 의 값을 구하여라.

3. $\sqrt[5]{2\sqrt[3]{4^5\sqrt{16}}}$ 의 값을 구하여라.

4. $\sqrt{\frac{\sqrt[3]{2}}{\sqrt[4]{2}}}\times\sqrt[4]{\frac{\sqrt{2}}{\sqrt[3]{2}}}$ 의 값을 구하여라.

5. $\left\{\left(\frac{27}{25}\right)^{-\frac{1}{3}}\right\}^{\frac{3}{2}}\times\left(\frac{27}{5}\right)^{\frac{1}{2}}$ 의 값을 구하여라.

6. $x^{\frac{1}{2}}-x^{-\frac{1}{2}}=3$일 때, $x+x^{-1}$의 값을 구하여라.

7. $10^{\frac{2}{3}}\times2^{-\frac{2}{3}}\times5^{-\frac{1}{6}}$을 간단히 하여라.

8. $xy=3$일 때, $\frac{2^{(x+y)^2}}{2^{(x-y)^2}}$의 값을 구하여라.

9. $a=3^{x+2}$일 때, 27^x을 a에 관한 식으로 나타내어라.

10. $x+x^{-1}=2$일 때, x^4+x^{-4}의 값을 구하여라.

11. $\log_2 8+\log_3 81+\log_{10} 10000$ 의 값을 구하여라.

12. $\log_2 24+\log_2 3-\log_2 12$ 의 값을 구하여라.

13. $\log_2 9\times\log_3 25\times\log_5 2$ 의 값을 구하여라.

14. $5^{2\log_5 3-6\log_5 \sqrt[3]{3}}$ 의 값을 구하여라.

15. $1og_4 2+1og_3 9+1og_4 9\cdot 1og_3 2$을 간단히 하여라.

16. $1og_3 \sqrt{6}-\frac{1}{2}1og_3 \frac{1}{5}-\frac{3}{2}1og_3 \sqrt[3]{30}$을 간단히 하여라.

17. $1og_2 175=a, 1og_2 245=b$라 할 때, $1og_2 \sqrt{35}$를 a, b로 나타내어라.

18. $2^{1og_{10}5\cdot 1og_3 10\cdot 1og_2 9}$ 을 간단히 하여라.

확인학습16　　　학번 :　　　성명 :

1. $\left\{\left(\frac{1}{3}\right)^{-\frac{3}{2}}\right\}^{\frac{4}{3}} \times \left\{\left(\frac{9}{4}\right)^{\frac{5}{4}}\right\}^{\frac{2}{5}}$ 의 값을 구하여라.

2. $\left\{\left(\frac{64}{9}\right)^{-\frac{5}{4}}\right\}^{\frac{8}{5}}$ 을 간단히 하여라.

3. $3^{\frac{2}{3}} \times 9^{\frac{3}{2}} \div 27^{\frac{8}{9}}$의 값을 구하여라.

4. $a^{2x}=2$일 때, $\frac{a^{3x}+a^{-3x}}{a^{x}+a^{-x}}$의 값을 구하여라. (단, $a>0$)

5. $\left(\frac{1}{16}\right)^{\frac{1}{n}}$이 자연수가 되도록 하는 정수 n에 대하여 n의 값들의 합을 구하여라.

6. $a^2=2$일 때, $\frac{a^3+a^{-3}}{a+a^{-1}}$의 값을 구하여라.

7. $2^x = log_3 4$, $2^y = log_2 3$일 때, $x+y$의 값을 구하여라.

8. $5^{3\log_5 2 - 6\log_5 \sqrt[3]{3}}$ 의 값을 구하여라.

9. $log_2 \frac{4}{3} + 3 log_2 \sqrt[3]{12}$ 의 값을 구하여라.

10. $log_2 7$의 정수부분을 a, 소수부분을 b라 할 때, $3^a + 2^b$의 값을 구하여라.

제 17 장 지수함수와 로그함수의 그래프

기 본 개 념 17-1

- 지수함수의 정의

  $a>0$, $a \neq 1$인 실수 a에 대하여 $y=a^x$ 로 정의되는 함수를 a를 밑으로 하는 **지수함수**라 한다.

- 지수함수 $y=a^x$ 의 성질

  (1) 정의역은 실수 전체의 집합이고, 치역은 양의 실수 전체의 집합이다.

  (2) 그래프는 점 $(0,1)$ 을 지나고, x축이 점근선이다.

  (3) $a>1$ 일 때 증가함수이고, $0<a<1$ 일 때 감소함수이다.

▸ 지수함수 $y=a^x$ 의 그래프는 다음과 같다.

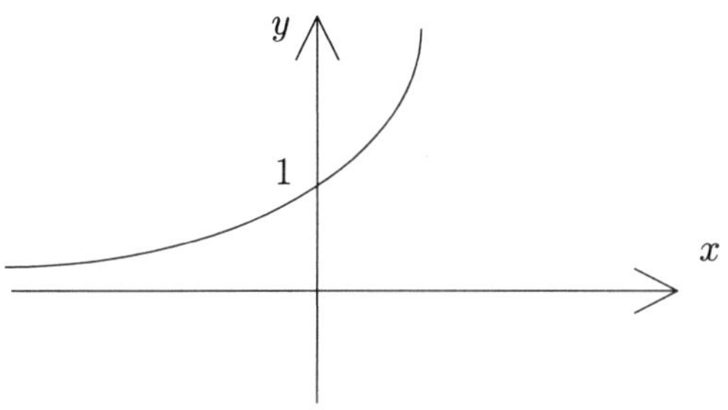

$a>1$

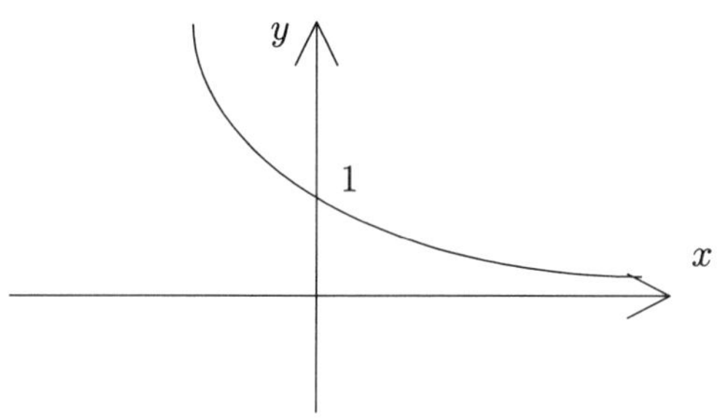

$0<a<1$

기초예제

(1) $y=2^x$ 의 그래프

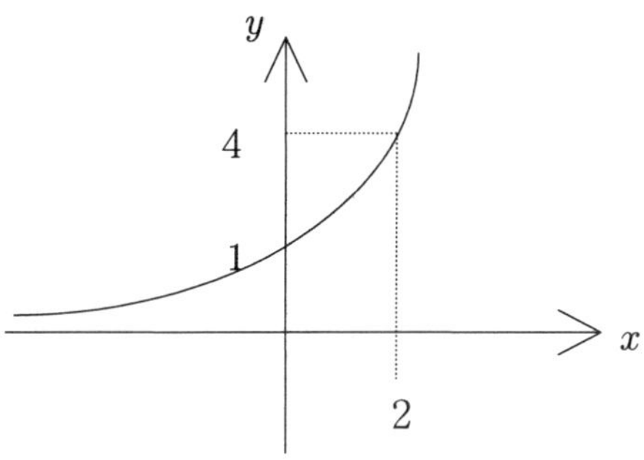

(2) $y=\left(\frac{1}{2}\right)^x$ 의 그래프

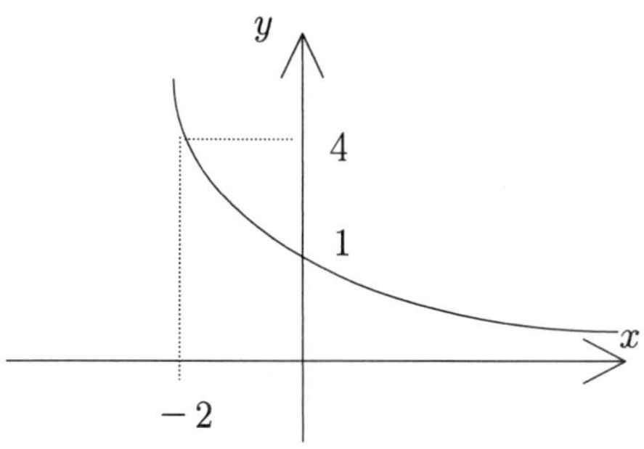

기 본 개 념 17-2

- 로그함수의 정의
  $a>0$, $a\neq 1$인 실수 a에 대하여 $y=\log_a x$, $x>0$ 로 정의되는 함수를 a를 밑으로 하는 **로그함수**라 한다.

- 로그함수 $y=\log_a x$ 의 성질
  (1) 정의역은 양의 실수 전체의 집합이고, 치역은 실수 전체의 집합이다.
  (2) 그래프는 점 $(1, 0)$ 을 지나고, y축이 점근선이다.
  (3) $a>1$ 일 때 증가함수이고, $0<a<1$ 일 때 감소함수이다.

▸ 로그함수 $y=\log_a x$ 의 그래프는 지수함수 그래프와 $y=x$ 에 대칭이며 다음과 같다.

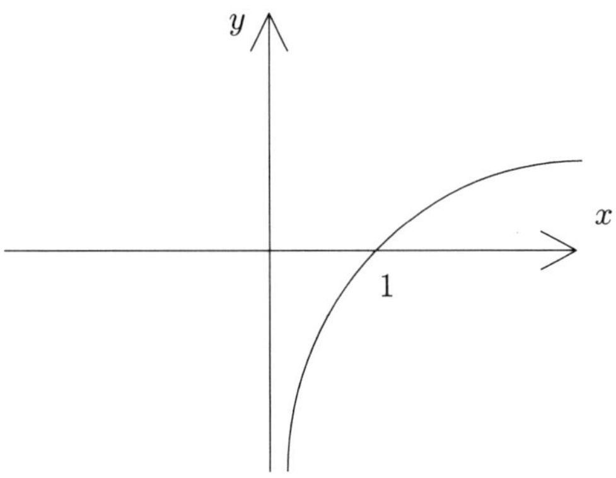

$a>1$

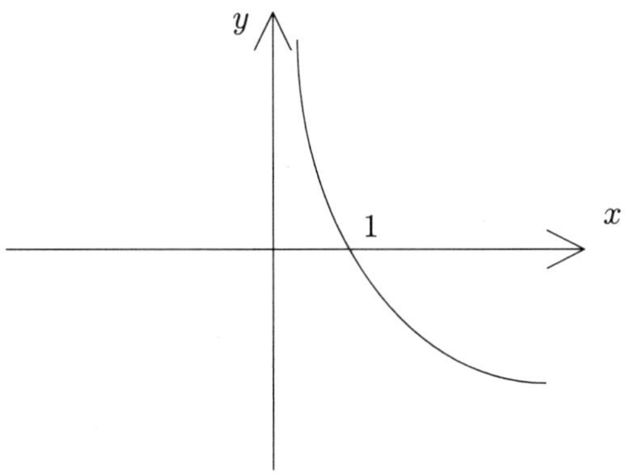

$0<a<1$

기초예제

(1) $y=\log_2 x$ 의 그래프

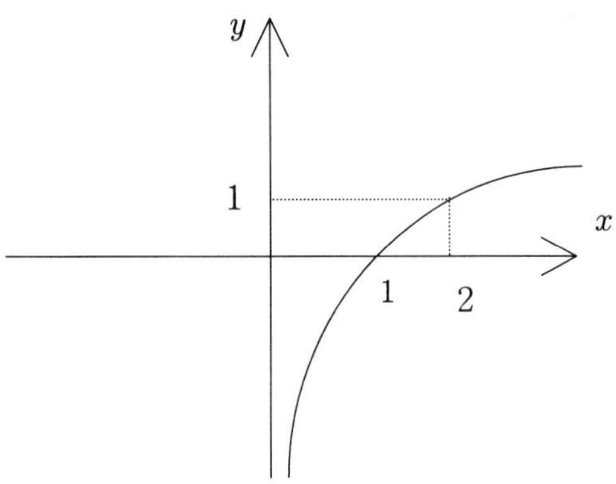

(2) $y=\log_{\frac{1}{2}} x$ 의 그래프

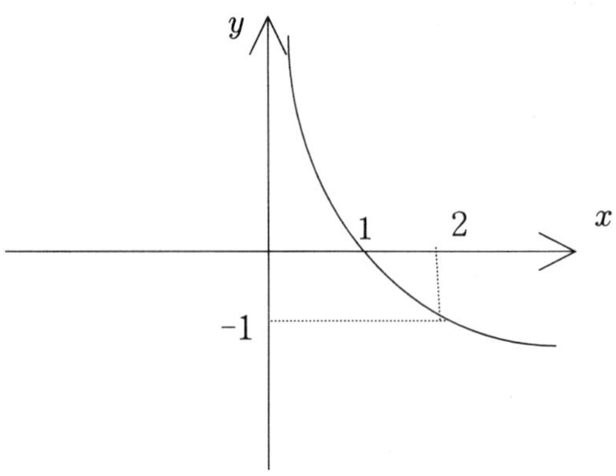

기 본 개 념 17-3

- 지수함수 $y=a^{x-b}+c$ 의 그래프
  (1) 점근선 $y=c$ 을 그린다.
  (2) y절편 점 $(0,\ a^{-b}+c)$ 을 구한다.
  (3) $a>1$ 이면 증가함수이고, $0<a<1$ 이면 감소함수이다.

- 로그함수 $y=\log_a(x-b)+c$ 의 그래프
  (1) 점근선 $x=b$ 을 그린다.
  (2) x절편 점 $(b+a^{-c},\ 0)$ 을 구한다.
  (3) $a>1$ 이면 증가함수이고, $0<a<1$ 이면 감소함수이다.

기초예제

(1) $y=2^{x+1}+1$ 의 그래프

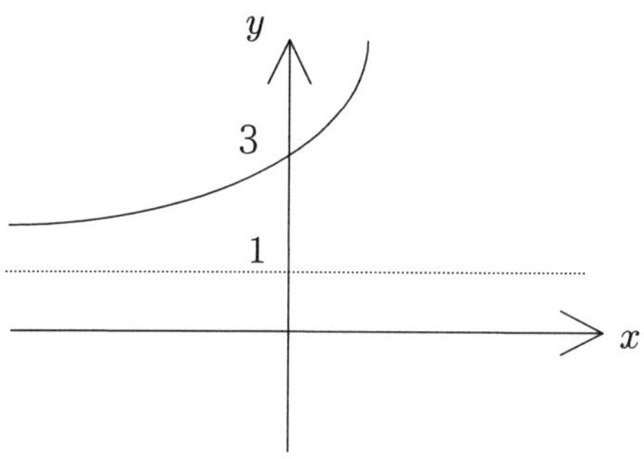

(2) $y=\left(\frac{1}{2}\right)^{x-1}+1$ 의 그래프

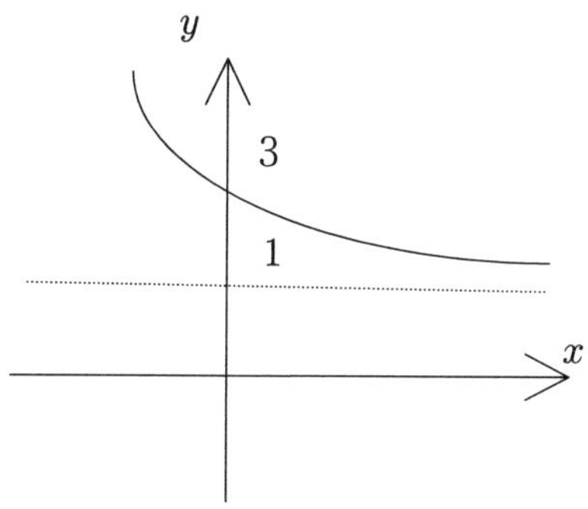

(3) $y=\log_2(x+1)-1$ 의 그래프

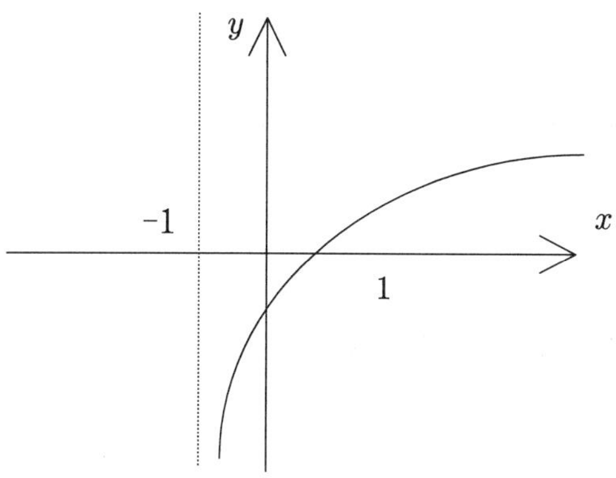

(4) $y=\log_{\frac{1}{2}}(x+1)+1$ 의 그래프

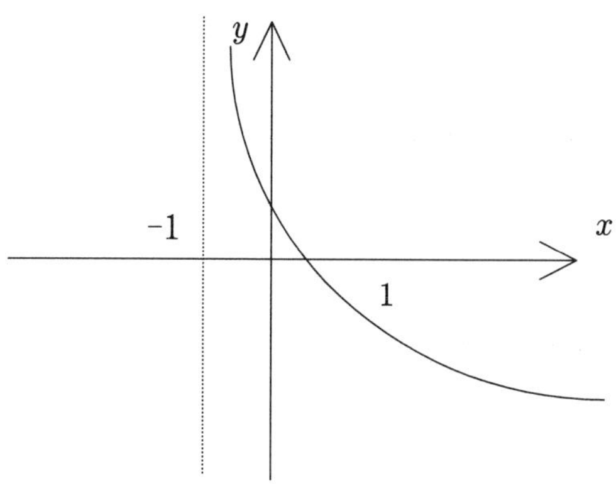

연습문제 17

※다음 함수의 그래프를 그리시오.

1. $y=3^{x}$

2. $y=\left(\frac{1}{3}\right)^{x}$

3. $y=2^{x-1}+1$

4. $y=\left(\frac{1}{2}\right)^{x-1}-1$

5. $y=5^{2x-1}+1$

6. $y=-2^{x-1}+1$

7. $y=4^{x+\frac{1}{2}}+1$

8. $y=-\left(\frac{1}{2}\right)^{x}+1$

9. $y=\log_{3}x$

10. $y=\log_{\frac{1}{3}}x$

11. $y=\log_{2}(x-1)+1$

12. $y=\log_{\frac{1}{2}}(x-1)+1$

13. $y=\log_{\frac{1}{3}}(x+8)+2$

14. $y=\log_{3}(2x+6)-2$

15. $y=-\log_{2}(x-1)+1$

16. $y=-2\log_{3}(x+6)+2$

확인학습17 학번 : 성명 :

※다음 함수의 그래프를 그리시오.

1. $y=5^{2x+1}-1$

2. $y=\left(\frac{1}{3}\right)^{x-1}+2$

3. $y=9^{2x+\frac{1}{2}}-2$

4. $y=2^{x-1}+1$

5. $y=-7^{x-1}+2$

6. $y=-5^{3x+1}+6$

7. $y=2\left(\frac{2}{3}\right)^{x}$

8. $y=-\left(\frac{1}{2}\right)^{2x}-1$

9. $y=\log_5 x$

10. $y=\log_{\frac{2}{3}} x$

11. $y=\log_3(x+1)-1$

12. $y=\log_{\frac{1}{3}}(x-2)-1$

13. $y=2\log_{\frac{1}{2}}(x-1)-2$

14. $y=-\log_3(x+8)+2$

15. $y=-\log_2\left(x-\frac{1}{2}\right)+2$

16. $y=\log_2(x+1)^2-1$

제 18 장 함수의 극한

기 본 개 념 18-1

- 극한값

함수 $f:(a,b)\to R$, $c\in(a,b)$일 때 x의 값이 c가 아니면서 c에 가까워질 때 $f(x)$의 값이 일정한 값 L에 가까워지면 함수 $f(x)$는 L에 **수렴**한다고 한다. 이때 L을 $x=c$ 에서의 $f(x)$의 **극한값**이라 하고 다음과 같이 나타낸다.

$$\lim_{x\to c} f(x)=L \text{ 또는 } x\to c \text{ 이면 } f(x)\to L$$

기초예제

(1) $\lim_{x\to 1}(3x+1)=4$ (2) $\lim_{x\to 1}\frac{1}{2x+1}=\frac{1}{3}$ (3) $\lim_{x\to 1}\sqrt{x+3}=2$

▸ $x\to c$일 때 $f(x)$의 값이 한없이 커지면 $f(x)$는 **양의 무한대로 발산**한다고 하며, $\lim_{x\to c} f(x)=\infty$ 로 나타낸다.

▸ $x\to c$일 때 $f(x)$의 값이 한없이 작아지면 $f(x)$는 **음의 무한대로 발산**한다고 하며, $\lim_{x\to c} f(x)=-\infty$ 로 나타낸다.

▸ x의 값이 한없이 커지는 것을 $x\to\infty$로 나타내고 x가 음수이면서 그 절대값이 한없이 커지는 것을 $x\to-\infty$로 나타낸다.

기초예제

(1) $\lim_{x\to 1}\frac{1}{(x-1)^2}=\infty$ (2) $\lim_{x\to 1}\frac{-3}{(1-x)^2}=-\infty$

(4) $\lim_{x\to\infty}\left(3+\frac{1}{x}\right)=3$ (4) $\lim_{x\to-\infty}\left(3-\frac{1}{x}\right)=3$

기 본 개 념 18-2

- 좌극한과 우극한

함수 $f:(a, b)\to R$, $c\in[a, b]$이라 하자.

(1) x의 값이 c보다 크면서 c에 가까워질 때 $x\to c^{+}$로 나타내고

x의 값이 c보다 작으면서 c에 가까워질 때 $x\to c^{-}$로 나타낸다.

(2) $x\to c^{+}$일 때 $f(x)$의 값이 일정한 값 L_r에 가까워지면 L_r을 $f(x)$의 **우극한**이라 하고 다음과 같이 나타낸다.

$$\lim_{x\to c^{+}} f(x)=L_r$$

(3) $x\to c^{-}$일 때 $f(x)$의 값이 일정한 값 L_l에 가까워지면 L_l을 $f(x)$의 **좌극한**이라 하고 다음과 같이 나타낸다.

$$\lim_{x\to c^{-}} f(x)=L_l$$

(4) $\lim_{x\to c} f(x)=L \Leftrightarrow \lim_{x\to +c} f(x)=L=\lim_{x\to c^{-}} f(x)$

기초예제

(1) $\lim_{x\to 1^{+}}\dfrac{x-1}{|1-x|}=\lim_{x\to 1^{+}}\dfrac{x-1}{-(1-x)}=1$

(2) $\lim_{x\to 1^{-}}\dfrac{x-1}{|1-x|}=\lim_{x\to 1^{-}}\dfrac{x-1}{(1-x)}=-1$

(3) $\lim_{x\to 0^{-}}\dfrac{x-1}{x}=1-\lim_{x\to 0^{-}}\dfrac{1}{x}=1+\infty=\infty$

(4) $\lim_{x\to 0^{-}}\dfrac{1}{|x|}=\lim_{x\to 0^{-}}\dfrac{1}{-x}=\infty$ 이고 $\lim_{x\to 0^{+}}\dfrac{1}{|x|}=\lim_{x\to 0^{+}}\dfrac{1}{x}=\infty$ 이므로

$\lim_{x\to 0}\dfrac{1}{|x|}=\infty$

기본개념 18-3

- 극한값의 성질

$\lim_{x \to c} f(x) = L_1$, $\lim_{x \to c} g(x) = L_2$라 하자.

(1) $\lim_{x \to c} kf(x) = k\lim_{x \to c} f(x) = kL_1$ (k는 상수)

(2) $\lim_{x \to c} (f(x) \pm g(x)) = \lim_{x \to c} f(x) \pm \lim_{x \to c} g(x) = L_1 \pm L_2$

(3) $\lim_{x \to c} (f(x) \cdot g(x)) = \lim_{x \to c} f(x) \cdot \lim_{x \to c} g(x) = L_1 \cdot L_2$

(4) $\lim_{x \to c} \dfrac{f(x)}{g(x)} = \dfrac{\lim_{x \to c} f(x)}{\lim_{x \to c} g(x)} = \dfrac{L_1}{L_2}$ (단, $L_2 \neq 0$)

기초예제

(1) $\lim_{x \to 1} (3x^2 + 2x + 1) = 3\lim_{x \to 1} x^2 + 2\lim_{x \to 1} x + \lim_{x \to 1} 1 = 6$

(2) $\lim_{x \to 1} (3x^2 + 2x + 1)(x+1) = \lim_{x \to 1} (3x^2 + 2x + 1) \cdot \lim_{x \to 1} (x+1) = 6 \cdot 2 = 12$

(3) $\lim_{x \to 2} \dfrac{x^3 - 7}{2x + 5} = \dfrac{\lim_{x \to 2} (x^3 - 7)}{\lim_{x \to 2} (2x + 5)} = \dfrac{1}{9}$

(4) $\lim_{x \to \infty} \dfrac{x+1}{x} = \lim_{x \to \infty} \left(1 + \dfrac{1}{x}\right) = 1$

(5) $\lim_{x \to 2} (x^2 + 2x)(3x - 1) = \lim_{x \to 2} (x^2 + 2x) \cdot \lim_{x \to 2} (3x - 1) = 8 \cdot 5 = 40$

기 본 개 념 18-4

- 극한값의 계산

(1) $\frac{0}{0}$ 형태

① 분자, 분모가 모두 다항식인 경우 분자, 분모를 인수분해하여 약분한다.

② 분자, 분모 중 무리식이 있으면 근호가 있는 쪽을 유리화한다.

(2) $\frac{\infty}{\infty}$ 형태 : 분모의 최고차항으로 분모, 분자를 나눈다.

(3) $\infty-\infty$ 형태

① 다항식은 최고차항으로 묶는다.

② 무리식은 근호가 들어있는 쪽을 유리화한다.

(4) $\infty\times 0$ 형태 : $\infty\times c$, $\frac{c}{\infty}$, $\frac{0}{0}$, $\frac{\infty}{\infty}$ 형태로 변형한다.

기초예제

(1) $\lim_{x\to 2}\frac{x^2-4}{x-2}=\lim_{x\to 2}\frac{(x-2)(x+2)}{x-2}=\lim_{x\to 2}x+2=4$

(2) $\lim_{x\to 0}\frac{1-\sqrt{1-x^2}}{x^2}=\lim_{x\to 0}\frac{x^2}{x^2(1+\sqrt{1-x^2})}=\lim_{x\to 0}\frac{1}{1+\sqrt{1-x^2}}=\frac{1}{2}$

(3) $\lim_{x\to\infty}(3x^2-2x)=\lim_{x\to\infty}x^2(3-\frac{2}{x})=\infty$

(4) $\lim_{x\to\infty}\sqrt{x^2+3}-x=\lim_{x\to\infty}\frac{3}{\sqrt{x^2+3}+x}=0$

(5) $\lim_{x\to 0}\frac{1}{x}\left(\frac{1}{x+\sqrt{2}}-\frac{1}{\sqrt{2}}\right)=\lim_{x\to 0}\frac{1}{x}\left(\frac{\sqrt{2}-x-\sqrt{2}}{\sqrt{2}(x+\sqrt{2})}\right)=\lim_{x\to 0}\frac{-1}{\sqrt{2}(x+\sqrt{2})}=-\frac{1}{2}$

기본개념 18-5

- 압축정리

$\lim_{x \to c} f(x) = L_1$, $\lim_{x \to c} g(x) = L_2$라 하자.

(1) $f(x) \le g(x)$ 이면 $L_1 \le L_2$

(2) $f(x) \le h(x) \le g(x)$ 이고 $L_1 = L_2$ 이면 $\lim_{x \to c} h(x) = L_1$

기초예제

$x \to \infty$ 이므로 $x > 0$ 이라 하면 $-1 \le \cos x \le 1$ 이므로

$$\frac{-1}{x} \le \frac{\cos x}{x} \le \frac{1}{x}$$

한편, $\lim_{x \to \infty} \frac{1}{x} = 0 = \lim_{x \to \infty} \frac{-1}{x}$ 이므로

$$\lim_{x \to \infty} \frac{\cos x}{x} = 0$$

문제 18-1

극한값 $\lim_{x \to 0} x \cdot \sin \frac{1}{x}$ 을 구하여라.

【풀이】 $x \to 0$ 이므로 $x \ne 0$ 이라 하면 $-1 \le \frac{1}{\sin x} \le 1$ 이므로

$$-|x| \le x \cdot \sin \frac{1}{x} \le |x|$$

한편, $\lim_{x \to 0} -|x| = 0 = \lim_{x \to 0} |x|$ 이므로

$$\lim_{x \to 0} x \cdot \sin \frac{1}{x} = 0$$

연습문제 18

1. 다음 극한값을 구하여라.

① $\lim_{x \to 1}(2x+3)$ ② $\lim_{x \to 2}\frac{3}{2x+1}$ ③ $\lim_{x \to 2}\sqrt{x+2}+1$

2. 극한값 $\lim_{x \to 2}\frac{1}{|x-2|}$ 을 구하여라.

3. 극한값 $\lim_{x \to 2^+}\frac{x-2}{|2-x|}$ 을 구하여라.

4. 극한값 $\lim_{x \to 0^+}\frac{x-2}{x}$ 을 구하여라.

5. 극한값 $\lim_{x \to 2}\frac{x^3-2x-7}{2x-10}$ 을 구하여라.

6. 극한값 $\lim_{x \to -2}(3x^2+2x)(x^2+3x-1)$ 을 구하여라.

7. 극한값 $\lim_{x \to 3}\frac{x^2-9}{x-3}$ 을 구하여라.

8. 극한값 $\lim_{x \to 0}\frac{2-\sqrt{4-x^2}}{x^2}$ 을 구하여라.

9. 극한값 $\lim_{x \to \infty} (x^3 - 2x + 1)$ 을 구하여라.

10. 극한값 $\lim_{x \to \infty} \sqrt{x^2 - 7} - x$ 을 구하여라.

11. 극한값 $\lim_{x \to 0} \frac{2}{x}\left(\frac{1}{x + \sqrt{3}} - \frac{1}{\sqrt{3}}\right)$ 을 구하여라.

12. 극한값 $\lim_{x \to \infty} \frac{\sin 5x}{x}$ 을 구하여라.

13. 극한값 $\lim_{x \to \infty} \log_2 (3x+1)$ 을 구하여라.

14. 극한값 $\lim_{x \to \infty} (\sqrt{x^2 - x + 1} - \sqrt{x^2 + 3x})$ 을 구하여라.

15. 극한값 $\lim_{x \to -1} \frac{2x^2 - x - 3}{x + 1}$ 을 구하여라.

16. 극한값 $\lim_{x \to \infty} \sqrt{x^2 + 1} - x$ 을 구하여라.

확인학습18　　학번 :　　성명 :

1. 다음 극한값을 구하여라.

① $\lim_{x \to 2}(2x^2+x)$　② $\lim_{x \to 2}\frac{5}{2x-3}$

2. 극한값 $\lim_{x \to 3}\frac{2}{(3-x)^2}$ 을 구하여라.

3. 극한값 $\lim_{x \to 1}\frac{2x+3}{x^2+2-5}$ 을 구하여라.

4. 극한값 $\lim_{x \to \infty}(x^3-7x^2+1)$ 을 구하여라.

5. 극한값 $\lim_{x \to 4}\frac{x^2-16}{x-4}$ 을 구하여라.

6. 극한값 $\lim_{x \to \infty}\frac{\sin 7x}{x}$ 을 구하여라.

7. 극한값 $\lim_{x \to \infty}(\sqrt{x^2-3x}-\sqrt{x^2+3x})$ 을 구하여라.

8. 극한값 $\lim_{x \to 2^-}\frac{x-2}{|2-x|}$ 을 구하여라.

9. 극한값 $\lim_{x \to 2}(x^2-2x+3)(x^2+x-1)$ 을 구하여라.

10. 극한값 $\lim_{x \to \infty}\sqrt{2x^2+5}-4x$ 을 구하여라.

11. 극한값 $\lim_{x \to 0}\frac{2}{-x}\left(\frac{1}{x+\sqrt{5}}-\frac{1}{\sqrt{5}}\right)$ 을 구하여라.

12. 극한값 $\lim_{x \to 3}\log_{\frac{1}{2}}(x-3)$ 을 구하여라.

제 19 장 도함수

기 본 개 념 19-1

- 미분계수

  함수 $y=f(x)$ 의 $x=a$ 에서의 **미분계수**는

$$f'(a)=\lim_{\Delta x\to 0}\frac{f(a+\Delta x)-f(a)}{\Delta x}=\lim_{x\to a}\frac{f(x)-f(a)}{x-a}$$

- 미분계수의 기하학적 의미

  미분계수 $f'(a)$는 곡선 $y=f(x)$ 위의 점 $(a,\ f(a))$에서 접선의 기울기와 같다.

- 함수 $y=f(x)$ 의 $x=a$ 에서의 미분계수 $f'(a)$가 존재할 때 함수 $f(x)$는 $x=a$ 에서 **미분가능**하다고 한다.

- 함수 $f(x)$가 $x=a$ 에서 미분가능하면 $f(x)$는 $x=a$ 에서 연속이다.

기초예제

(1) 상수함수 $y=3$ 의 $x=2$ 에서의 미분계수는

$$f'(2)=\lim_{\Delta x\to 0}\frac{f(2+\Delta x)-f(2)}{\Delta x}=\lim_{\Delta x\to 0}\frac{3-3}{\Delta x}=0$$

(2) 이차함수 $y=x^2$ 의 $x=2$ 에서의 미분계수는

$$f'(2)=\lim_{\Delta x\to 0}\frac{f(2+\Delta x)-f(2)}{\Delta x}=\lim_{\Delta x\to 0}\frac{(2+\Delta x)^2-2^2}{\Delta x}=\lim_{\Delta x\to 0}\frac{4\Delta x+(\Delta x)^2}{\Delta x}=4$$

(3) 함수 $y=|x|$ 은 $x=0$ 에서 연속이지만 미분가능하지 않다.

기 본 개 념 19-2

- 도함수

  함수 $y=f(x)$ 의 정의역에 속하는 임의의 원소 x에 대하여 그 점에서의 미분계수 $f'(x)$를 대응시켜 만든 함수를 $f(x)$의 **도함수**라고 하며 다음과 같이 나타낸다.

$$y' = f'(x) = \frac{dy}{dx} = \lim_{\Delta x \to 0} \frac{f(x+\Delta x)-f(x)}{\Delta x}$$

- $f(x)$의 도함수 $f'(x)$를 구하는 것을 $f(x)$를 x에 관하여 미분한다고 하고 그 계산법을 **미분법**이라 한다.

기초예제

(1) 함수 $y=2x$ 의 도함수

$$y' = \lim_{\Delta x \to 0} \frac{f(x+\Delta x)-f(x)}{\Delta x} = \lim_{\Delta x \to 0} \frac{2(x+\Delta x)-2x}{\Delta x} = 2$$

(2) 이차함수 $y=x^2$ 의 도함수

$$y' = \lim_{\Delta x \to 0} \frac{f(x+\Delta x)-f(x)}{\Delta x} = \lim_{\Delta x \to 0} \frac{(x+\Delta x)^2-x^2}{\Delta x} = \lim_{\Delta x \to 0} \frac{2x\Delta x+(\Delta x)^2}{\Delta x} = 2x$$

기 본 개 념 19-3

- 미분법의 공식

  두 함수 $f(x)$, $g(x)$가 미분가능할 때

  (1) $y=k$(k는 상수) 이면 $y'=0$

  (2) $y=x^n$(n은 양의 정수) 이면 $y'=nx^{n-1}$

  (3) $y=kf(x)$(k는 상수) 이면 $y'=kf'(x)$

  (4) $y=f(x)\pm g(x)$ 이면 $y'=f'(x)\pm g'(x)$

  (5) $y=f(x)g(x)$ 이면 $y'=f'(x)g(x)+f(x)g'(x)$

  (6) $y=\dfrac{f(x)}{g(x)}$ 이면 $y'=\dfrac{f'(x)g(x)-f(x)g'(x)}{\{g(x)\}^2}$ (단, $g(x)\neq 0$)

기초예제

(1) $y=5$ 이면 $y'=0$

(2) $y=x^7$ 이면 $y'=7x^6$

(3) $y=5x^3$ 이면 $y'=15x^2$

(4) $y=5x^3-x^6+3$ 이면 $y'=15x^2-6x^5$

(5) $y=(5x^3-x^6+3)(2x+1)$ 이면 $y'=(15x^2-6x^5)(2x+1)+(5x^3-x^6+3)\times 2$

(6) $y=\dfrac{x^3+2x}{x+1}$ 이면 $y'=\dfrac{(3x^2+2)(x+1)-(x^3+2x)\times 1}{(x+1)^2}$

기본개념 19-4

- 합성함수의 미분

  함수 $y=f(t)$, $t=g(x)$ 가 미분가능하면, 합성함수 $y=f(g(x))$ 는 x에 관하여 미분가능하며

$$\frac{dy}{dx}=\frac{dy}{dt}\bullet\frac{dt}{dx}=f'(t)\,g'(x)$$

기초예제

(1) $y=(5x^3-x^6+3)^3$ 이면 $y'=3(5x^3-x^6+3)^2\times(15x^2-6x^5)$

(2) $y=\dfrac{1}{(x^3-1)^2}=(x^3-1)^{-2}$ 이면 $y'=-2(x^3-1)^{-3}\times 3x^2=\dfrac{-6x^2}{(x^3-1)^3}$

기 본 개 념 19-5

- 삼각함수의 미분

(1) $y=\sin x$ 이면 $y'=\cos x$

(2) $y=\cos x$ 이면 $y'=-\sin x$

(3) $y=\tan x$ 이면 $y'=\sec^2 x$

기초예제

(1) $y=5\sin x-3\cos x$ 이면 $y'=5\cos x+3\sin x$

(2) $y=\sin x \cdot \cos x+\tan x$ 이면 $y'=\cos^2 x-\sin^2 x+\sec^2 x$

기 본 개 념 19-6

- 지수, 로그함수의 미분

(1) $y=a^x$ 이면 $y'=a^x \ln a$ (단, $a>0,\ a\neq 1$)

(2) $y=e^x$ 이면 $y'=e^x$

(3) $y=\log_a x$ 이면 $y'=\dfrac{1}{x}\log_a e$ (단, $a>0,\ a\neq 1,\ x>0$)

(4) $y=\ln x$ 이면 $y'=\dfrac{1}{x}$

기초예제

(1) $y=2^x+\log_3 x$ 이면 $y'=2^x\ln 2+\dfrac{1}{x}\log_3 e$

(2) $y=5^x \cdot \ln x$ 이면 $y'=5^x\ln 5\ln x+5^x\dfrac{1}{x}$

연습문제 19

1. $f(x) = x^2 + 1$ 의 $x = 1$ 에서의 미분계수를 구하여라.

2. $f(x) = 3x + 1$ 의 $x = 1$ 에서의 미분계수를 구하여라.

3. 도함수의 정의를 이용하여 $f(x) = 5x + 2$ 의 도함수를 구하여라.

4. 도함수의 정의를 이용하여 $f(x) = \dfrac{1}{x+2}$ 의 도함수를 구하여라.

5. 도함수의 정의를 이용하여 $f(x) = \sqrt{x+2}$ 의 도함수를 구하여라.

6. 다음 함수의 도함수를 구하여라.

① $y = x^3 - 2x^2 + 3$ ② $y = (x^3 - x^2 + 3)(2x^2 + x)$ ③ $y = \dfrac{x^2 + x}{2x^3 + 1}$

7. 다음 함수의 도함수를 구하여라.

① $y = (x^3 - 2x^2 + 1)^7$ ② $y = \dfrac{1}{(2x^3 + 1)^3}$

8. 다음 함수의 도함수를 구하여라.

① $y = \sin 3x - \cos x$ ② $y = \sin 3x \cdot \cos x$

9. 다음 함수의 도함수를 구하여라.

① $y = \log_3 (2x+1)$ ② $y = x^2 \cdot \ln x$

10. 다음 함수의 도함수를 구하여라.

① $y = 2^x \cdot \log_3 x$ ② $y = e^x \cdot \ln(x^2 + 1)$

확인학습19 학번 : 성명 :

1. $f(x) = 2x^2 - 1$ 의 $x = 1$ 에서의 미분계수를 구하여라.

2. 도함수의 정의를 이용하여 $f(x) = \sqrt{2x+1}$ 의 도함수를 구하여라.

3. 다음 함수의 도함수를 구하여라.

$$y = (2x^3 - x^2)(x^2 + x + 1)$$

4. 다음 함수의 도함수를 구하여라.

$$y = \frac{x^2 + x + 1}{x^3 + 2x}$$

5. 다음 함수의 도함수를 구하여라.

$$y = \sin 3x - \tan(x+3)$$

6. 다음 함수의 도함수를 구하여라.

$$y = 2^{(2x+1)} \cdot \log_3 x$$

7. 도함수의 정의를 이용하여 $f(x) = \dfrac{1}{3x+1}$ 의 도함수를 구하여라.

8. 도함수의 정의를 이용하여 $f(x) = 2x + 5$ 의 도함수를 구하여라.

9. 다음 함수의 도함수를 구하여라.

$$y = (4x^3 - x^2 + 1)^8$$

10. 다음 함수의 도함수를 구하여라.

$$y = \frac{1}{(x^2 + x + 2)^5}$$

11. 다음 함수의 도함수를 구하여라.

$$y = \sqrt[3]{x^2 + 2}$$

12. 다음 함수의 도함수를 구하여라.

$$y = 3^x \cdot \ln(x^2 - x + 1)$$

제 20 장 경우의 수와 확률

기 본 개 념 20-1

- 경우의 수를 구하는 방법

(1) 합의 법칙 : 두 사건 A, B가 동시에 일어날 수 없는 경우
사건 A가 일어날 경우의 수가 m가지
사건 B가 일어날 경우의 수가 n가지
⇨ A 또는 B가 일어날 경우의 수는 $m+n$

(2) 곱의 법칙 : 두 사건 A, B가 동시에 일어날 경우
사건 A가 일어날 경우의 수가 m가지
사건 B가 일어날 경우의 수가 n가지
⇨ A와 B가 동시에 일어날 경우의 수는 $m \times n$

기초예제

(1) 주사위를 던지면 짝수가 나오는 경우의 수는 3이고, 홀수가 나오는 경우의 수도 3이므로 짝수 또는 홀수가 나오는 경우의 수는 $3+3=6$ 이다.

(2) 주사위를 던지면 나오는 경우의 수는 6이고, 동전을 던지면 나오는 경우의 수는 2이므로 주사위와 동전을 동시에 던져서 나오는 경우의 수는 $6\times2=12$ 이다.

문제 20-1

(1) 어떤 서점에 국어 문제집이 2종류, 수학 문제집이 3종류, 영어 문제집이 4종류 있다. 이 가운데 문제집 한 권을 살 때, 선택할 수 있는 경우의 수는?

【풀이】 $2+3+4=9$

(2) 어떤 서점에 수학 문제집이 4종류, 영어 문제집이 5종류 있다. 이 가운데 수학 문제집 한 권 영어 문제집 한 권을 살 때, 선택할 수 있는 경우의 수는?

【풀이】 $4\times5=20$

기 본 개 념 20-2

- 선택하는 문제에서 경우의 수를 구하는 방법
  (1) 선택하는 순서와 관계가 있을 때
  n개에서 r개를 선택하는 경우의 수는 $n\times(n-1)\times...\times(n-r+1)$
  (2) 선택하는 순서와 관계가 없을 때
  n개에서 r개를 선택하는 경우의 수 $\dfrac{n\times(n-1)\times...\times(n-k+1)}{k\times(k-1)\times...\times1}$

기초예제

(1) 회원이 7명인 모임에서 회장 1명과 총무 1명을 선출하는 경우의 수는 $7\times6=42$ 이다.

(2) 회원이 7명인 모임에서 감사 2명을 선출하는 경우의 수는 $\dfrac{7\times6}{2\times1}=21$ 이다.

문제 20-2

(1) 학생이 10명인 학급에서 회장 1명, 부회장 1명, 총무 1명을 선출하는 경우의 수는?

【풀이】 $10\times9\times8=720$

(2) 학생이 20명인 학급에서 계주선수 4명을 뽑는 경우의 수는?

【풀이】 $\dfrac{10\times9\times8\times7}{4\times3\times2\times1}=210$

(3) 남학생 4명, 여학생 3명 중에서 반장 1명, 부반장 1명을 뽑을 때, 다음을 구하여라.
① 전체 경우의 수
② 반장, 부반장이 모두 남자인 경우의 수
③ 반장, 부반장 중 적어도 한 명은 남자인 경우의 수

【풀이】 ① $7\times6=42$
② $4\times3=12$
③ $42-12=30$

기본개념 20-3

- 확률의 정의 : 일어날 수 있는 모든 경우의 수 n

  사건 A가 일어날 수 있는 경우의 수 a

  ⇨ A가 일어날 확률 $p=\frac{a}{n}$

- 확률의 성질

  (1) 어떤 사건이 일어날 확률을 p라 하면 $0 \le p \le 1$이다.

  (2) 반드시 일어날 사건의 확률은 1이다.

  (3) 절대로 일어나지 않을 사건의 확률은 0이다.

- 여사건의 확률 : 사건 A가 일어날 확률이 p, 사건 A가 일어나지 않을 확률을 q

  ⇨ $p+q=1$

- 확률의 덧셈 : 두 사건 A, B가 동시에 일어나지 않는 경우

  사건 A가 일어날 확률이 p, 사건 B가 일어날 확률이 q

  ⇨ A 또는 B가 일어날 확률은 $p+q$

  ※ $A \cap B \neq \varnothing$ 일 때 $P(A \cup B)=P(A)+P(B)-P(A \cap B)$

- 확률의 곱 : 두 사건 A, B가 서로 영향을 끼치지 않는 경우

  사건 A가 일어날 확률이 p, 사건 B가 일어날 확률이 q

  ⇨ A 그리고 B가 일어날 확률은 $p \times q$

기초예제

(1) 주사위를 던지면 나올 수 있는 모든 경우의 수는 6이고, 짝수가 나오는 경우의 수는 3이므로 짝수가 나올 확률은 $\frac{3}{6}=\frac{1}{2}$ 이다.

(2) 주사위를 던지면 홀수가 나올 확률은 $\frac{1}{2}$, 짝수가 나올 확률은 $\frac{1}{2}$이므로 홀수 또는 짝수가 나올 확률은 $\frac{1}{2}+\frac{1}{2}=1$ 이다.

(3) 주사위를 던지면 짝수가 나올 확률은 $\frac{1}{2}$이고, 동전을 던지면 앞면이 나올 확률은$\frac{1}{2}$ 이므로 주사위의 짝수와 동전의 앞면이 동시에 나올 확률은 $\frac{1}{2} \times \frac{1}{2} = \frac{1}{4}$ 이다.

(4) 어느 회사의 제품에는 100개 중 3개가 불량품이라 한다. 이들 제품 중에서 임의로 1개를 뽑을 때 합격품이 나올 확률은 $1 - \frac{3}{100} = \frac{97}{100}$ 이다.

문제 20-3

(1) 어떤 서점에 국어 문제집이 2권, 수학 문제집이 3권, 영어 문제집이 4권 있다. 이 가운데 임의로 문제집을 한 권 뽑을 때 수학 문제집이 선택 될 확률은?

【풀이】 책이 총 9권이고 수학 문제집이 3권 이므로 확률은 $\frac{3}{9} = \frac{1}{3}$ 이다.

(2) 서로 다른 두 개의 주사위를 던질 때, 나온 눈의 합이 3이상일 확률은?

【풀이】 나온 눈의 합이 3이상이 아닌 경우는 두 주사위 모두 1이 나오는 한 가지 경우이므로 3이상일 확률은 $1 - \frac{1}{36} = \frac{35}{36}$ 이다.

(3) 답란에 ○, × 를 표시하는 세 개의 문제가 있다. 이 문제에 임의로 ○, × 를 표시할 때, 적어도 한 문제를 맞출 확률은?

【풀이】 $1 - (\frac{1}{2} \times \frac{1}{2} \times \frac{1}{2}) = \frac{7}{8}$

(4) 1에서 10까지의 수가 각각 적힌 10장의 카드에서 한 장의 카드를 뽑을 때, 2의 배수 또는 3의 배수가 적힌 카드가 나올 확률을 구하여라.

【풀이】 2의 배수가 나올 확률은 $\frac{5}{10}$, 3의 배수가 나올 확률은 $\frac{3}{10}$, 6의 배수가 나올 확률은 $\frac{1}{10}$ 이므로 2의 배수 또는 3의 배수가 나올 확률은$\frac{5}{10} + \frac{3}{10} - \frac{1}{10} = \frac{7}{10}$

(5) 어떤 시험에 은지가 합격할 확률은 $\frac{1}{2}$이고, 은영이가 합격할 확률은 $\frac{1}{3}$일 때, 은지와 은영이가 둘 다 합격할 확률은?

【풀이】 $\frac{1}{2} \times \frac{1}{3} = \frac{1}{6}$

연습문제 20

1. 어떤 서점에 국어 문제집이 5종류, 수학 문제집이 4종류, 영어 문제집이 3종류 있다. 이 가운데 문제집 한 권을 살 때, 선택할 수 있는 경우의 수를 구하여라.

2. 어떤 서점에 수학 문제집이 5종류, 국어 문제집이 6종류 있다. 이 가운데 수학 문제집 한 권 영어 문제집 한 권을 살 때, 선택할 수 있는 경우의 수를 구하여라.

3. 학생이 20명인 학급에서 회장 1명, 부회장 1명, 총무 1명을 선출하는 경우의 수는?

4. 학생이 30명인 학급에서 대의원 6명을 뽑는 경우의 수를 구하여라.

5. 남학생 5명, 여학생 6명 중에서 반장 1명, 부반장 1명을 뽑을 때, 다음을 구하여라.
   ① 전체 경우의 수
   ② 반장, 부반장이 모두 남자인 경우의 수
   ③ 반장, 부반장 중 적어도 한 명은 남자인 경우의 수

6. 어떤 서점에 국어 문제집이 5권, 수학 문제집이 3권, 영어 문제집이 6권 있다. 이 가운데 임의로 문제집을 한 권 뽑을 때 수학 문제집이 선택 될 확률을 구하여라.

7. 답란에 ○, × 를 표시하는 열개의 문제가 있다. 이 문제에 임의로 ○, × 를 표시할 때, 적어도 한 문제를 맞출 확률을 구하여라.

8. 1에서 15까지의 수가 각각 적힌 15장의 카드에서 한 장의 카드를 뽑을 때, 2의 배수 또는 3의 배수가 적힌 카드가 나올 확률을 구하여라.

9. 어떤 시험에 은지가 합격할 확률은 $\frac{2}{5}$이고, 은정이가 합격할 확률은 $\frac{3}{4}$일 때, 은지와 은정이가 둘 다 합격할 확률을 구하여라.

10. 만원짜리 6장, 천원짜리 7장과 백원짜리 동전 8개로 지불할 수 있는 금액의 경우의 수는? 단, 0원을 지불하는 것은 제외한다.

11. 1에서 3까지 숫자가 쓰인 빨간색 카드 3장, 1에서 5까지 숫자가 쓰인 파란색 카드 5장, 1에서 7까지 숫자가 쓰인 노란색 카드가 7장이 있다. 이 15장의 카드에서 색도 다르고 번호도 다른 3장의 카드를 뽑는 경우의 수를 구하여라.

12. 집합 $S=\{1, 2, 3, 4, 5, 6, 7\}$의 두 부분집합 A, B에 대하여 다음 각 물음에 답하여라.

(1) $A\cap B=\{1, 2, 3\}$를 만족하는 A, B의 쌍의 개수를 구하여라.

(2) $1\in A, 2\notin B, 3\in B$ 이고 A⊂B를 만족하는 A, B의 쌍의 개수를 구하여라.

13. 오른쪽 그림과 같은 길을 A에서 B까지 가는 방법의 수는? 단, 서쪽으로 가서는 안 되고, 한번 지나온 길을 다시 지나갈 수는 없는 것으로 한다.

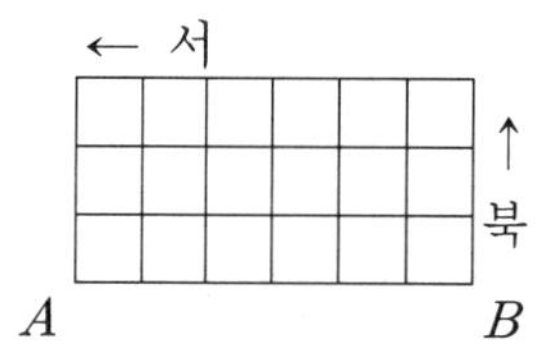

14. $A=\{1, 2, 3, 4, 5\}$ 일 때, 함수 $f: A\to A$ 중에서 A의 임의의 원소 a에 대하여 $f(a)\le a$를 만족하는 함수 f의 개수는?

15. 1에서 10까지의 자연수 중에서 서로 다른 세 수를 뽑아 곱하였을 때, 짝수가 되는 경우의 수를 구하여라.

16. 10개의 축구팀이 서로 한 번씩 경기를 할 때, 열리는 총 경기의 수를 구하여라.

17. 무게가 1cm, 2cm, 4cm, 8cm인 자가 각각 1개씩 있다. 이들을 일부 또는 전부를 사용하여 모두 몇 가지의 길이를 잴 수 있는지 구하여라.

18. 두 지점 A, B 사이에는 3개의 버스 노선과 4개의 지하철 노선이 있다. A지점에서 B지점으로 갈 때에는 버스를 타고, B지점에서 A지점으로 돌아올 때에는 지하철을 타는 방법의 수를 구하여라.

19. 1, 2, 3, 4, 5, 6의 숫자가 하나씩 적힌 6장의 카드를 이용하여 정수를 만들려고 한다. 다음을 구하여라.

(1) 세 자리 정수의 개수

(2) 세 자리 짝수의 개수

20. 남학생 5명, 여학생 6명 중에서 반장 1명, 부반장 1명을 뽑을 때, 다음을 구하여라.

(1) 전체 경우의 수

(2) 반장, 부반장이 모두 남자인 경우의 수

(3) 반장, 부반장 중에서 적어도 한 명은 여자인 경우의 수

21. 5명의 남학생과 4명의 여학생이 있을 때 다음 물음에 답하여라.

(1) 3명의 대의원을 뽑는 경우의 수는?

(2) 남학생 2명과 여학생 1명의 대의원을 뽑는 경우의 수는?

22. 서로 다른 두 개의 주사위를 동시에 던질 때, 다음을 구하여라.

(1) 두 눈의 수의 합이 3의 배수가 되는 경우의 수

(2) 두 눈의 수의 곱이 짝수인 경우의 수

23. 560과 420의 공약수 중 양수의 개수는?

24. 남자 5명과 여자 6명 중에서 3명의 대표를 뽑을 때, 적어도 여자 1명이 포함되는 경우의 수를 구하여라.

25. 1, 2, 3, 4를 일렬로 나열하여 네 자리의 정수 $a_1a_2a_3a_4$를 만들 때, $a_i \neq i$를 만족하는 정수의 개수는? (단, $i = 1, 2, 3, 4$)

26. 50원, 100원, 500원짜리 동전만 사용할 수 있는 자동 판매기에서 300원짜리 음료수 4개를 선택하려고 한다. 세 종류의 동전을 모두 사용하여 거스름돈 없이 자동 판매기에 동전을 넣는 방법의 수는? (단, 동전을 넣는 순서는 고려하지 않는다)

27. 10개의 팀이 참가하는 프로축구 K-리그에서 각 팀은 나머지 팀과 각각 같은 수의 경기를 치른다. 전체 180경기가 치러졌을 때, 각 팀이 다른 한 팀과 치르는 경기 수를 구하여라.

28. 초등학생 3명, 중학생 4명, 고등학생 5명을 일렬로 세울때, 초등학생은 초등학생끼리, 중학생은 중학생끼리 이웃하여 서는 방법의 수는?

29. 국어책 4권, 영어책 1권, 수학책 3권의 서로 다른 책을 책꽂이에 일렬로 꽂을 때, 수학책끼리 서로 이웃하지 않도록 꽂는 방법의 수를 구하여라.

30. 두 집합 $X = \{1, 2, 3\}$, $Y = \{1, 2, 3, 4, 5\}$에 대하여 함수 $f: X \rightarrow Y$가 $a < b\ (a, b \in X)$이면 $f(a) < f(b)$를 만족할 때, 함수 f의 개수를 구하여라.

31. A, B, C, D, E의 5개의 문자 중에서 3개를 뽑아 일렬로 나열할 때, E가 맨 끝에 오는 경우의 수를 구하여라.

32. 1, 2, 3, 4, 5, 6을 한 번씩만 사용하여 만들 수 있는 여섯 자리 자연수 중 일의자리 수와 십의 자리 수가 모두 3의 배수인 자연수의 개수는?

33. 집합 $X=\{1, 2, 3, 4, 5, 6\}$에 대하여 함수 $f: X \to X$로 정의할 때, $f(1) \neq 1$이고 일대일 대응인 함수 f의 개수는?

34. KOREA의 5개의 문자를 일렬로 배열할 때, K와 R가 이웃하는 경우의 수를 구하여라.

35. 경찰관 6명과 소방관 7명 중에서 3명을 뽑을 때, 3명의 직업이 같은 경우는 몇 가지 인가?

36. 1부터 10까지의 자연수 중 서로 다른 세 수를 뽑을 때, 뽑힌 세 수의 곱이 짝수가 되는 경우의 수를 구하여라.

37. 크기가 서로 다른 바나나 9개 중에서 3개를 선택할 때, 크기가 가장 큰 바나나 1개가 반드시 포함되는 경우의 수는?

38. 오른쪽 그림과 같이 가로와 세로 선이 만나는 점이 20개 있다. 이 중 3개의 점을 연결하여 만들 수 있는 삼각형의 개수를 구하여라.

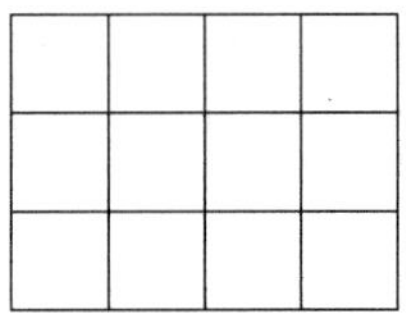

39. 정답이 하나인 4지 선다형 문제가 5문제 있다. 이 5문제의 답을 임의로 썼을 때, 모두 맞힐 확률은?

40. 윷가락 4개를 동시에 던질 때, 개나 걸이 나올 확률은?

41. 주머니 속에 1, 2, 3, 4, 5의 숫자가 적힌 5개의 구슬이 있다. 무심코 2개의 구슬을 차례로 꺼내어 두 자리의 정수를 만들 때, 그 수가 20이하 또는 30이상일 확률은?

42. 주머니 안에 흰 콩이 4개, 검은 콩이 6개가 들어 있다. 차례로 콩을 꺼낼 때, 두 번 모두 흰 콩이 나올 확률은? (단, 꺼낸 콩은 다시 넣는다.)

확인학습20　　학번 :　　성명 :

1. □$ABCD$의 변 AB, BC, CD, DA 위에 꼭짓점을 제외하고 각각 5개, 4개, 3개, 2개의 점이 있다. 이들 각 점을 두 개씩 이을 때 직선의 개수는?

2. 11층짜리 건물의 1층 엘리베이터에 남자 3명, 여자 3명이 탄 후 2층부터 11층까지 중에서 세 개 층에서 남자와 여자가 각각 1명씩 짝을 지어 내리는 경우의 수를 구하여라.

3. 10쌍의 부부가 참석한 모임에서 남자는 자신의 배우자를 제외한 모든 사람과 악수를 하였고, 여자끼리는 악수를 하지 않았다. 참석한 20명이 나눈 악수의 횟수를 구하여라.

4. A대학 학생 3명, B대학 학생 4명, C대학 학생 5명이 있다. 각 학교별로 적어도 하나의 학생을 선택하여 모두 4명의 장학생을 선발하는 경우의 수를 구하여라.

5. 1보다 큰 세 자연수 a, b, c의 곱이 330이 되는 $(a,\ b,\ c)$의 쌍의 개수를 구하여라.

6. 집합 $A=\{a, b, c, d\}$에서 A로 가는 함수 f중에서 임의의 x에 대하여 $f \circ f(x)=x$를 만족하는 함수의 개수를 구하여라.

7. 1, 2, 3, 4, 5의 번호가 각각 적힌 5개의 농구공을 A_1, A_2, A_3, A_4, A_5라고 쓰여진 가방에 각각 1개씩 넣을 때, 3번 공은 A_1에 넣고, k번 공은 A_k에 넣지 않는 경우의 수를 구하여라. (단, K=1, 2, 4, 5)

8. 10000원짜리 지폐 3장, 5000원자리 지폐 4장, 1000원짜리 지폐 3장이 있다. 이 지폐 일부 또는 전부를 사용하여 지불할 수 있는 금액의 수를 구하여라.

9. 선생님 4명과 학생 4명이 8인 9각 경기를 하려고 한다. 선생님과 학생이 교대로 서는 것이 경기의 규칙이라고 할 때, 선생님과 학생이 교대로 서는 경우의 수를 구하여라.

10. a, b, c, d, e의 5개의 문자를 일렬로 배열할 때, a, b, c 중 적어도 2개가 이웃하는 경의 수를 구하여라.

확인학습20　　학번 :　　성명 :

11. 1에서 16까지의 수가 각각 적힌 16장의 카드에서 임의로 두 장의 카드를 동시에 뽑았을 때, 뽑힌 두 장의 카드의 숫자의 곱이 자연수의 제곱꼴이 될 확률은?

12. 회원 수가 11명인 동호회에서 인터넷 카페를 개설하여 3명의 운영자를 뽑으려고 한다. 적어도 한 명은 대학생 회원이 뽑히는 경우의 수가 130일 때, 이 카페의 대학생 회원은 모두 몇 명인지 구하여라.

13. 15명의 육상부 학생 중에서 학교 대표 4명을 뽑으려고 한다. 교내 달리기대회에서 우승한 2명의 육상부 학생이 선발되는 경우의 수를 a, 선발되지 않는 경우의 수를 b라 할 때, $b-a$의 값은?

14. 소영이와 지영이는 다섯 게임 중 세 게임 먼저 이기는 사람이 승리하는 탁구경기를 하고 있다. 현재 소영이와 지영이가 각각 한 게임씩 이겼다면 소영이가 이 경기에서 승리할 확률을 구하여라. (단, 1게임에서 소영이가 이길 확률은 $\frac{1}{3}$이고, 지영이가 이길 확률은 $\frac{2}{3}$이다.)

15. A와 B가 가위바위보 게임을 해서 이기면 계단을 두 칸 올라가고, 지면 한 칸 내려오는 게임을 하고 있다. A와 B가 게임을 4번 했을 때, A가 제자리에 있을 확률은?

16. A, B 두 개의 주머니가 있다. A 주머니에는 흰 바둑알 2개, 검은 바둑알 3개가 들어 있고, B주머니에는 흰 바둑알 4개, 검은 바둑알 2개가 들어 있다. 임의로 한 주머니를 택하여 한 개의 바둑알을 꺼낼 때, 그것이 검은 바둑알일 확률을 구하여라.

17. 정의역 $X=\{1, 2, 3, 4\}$일 때, 함수 $f: X \to X$ 중에서 정의역 X의 임의의 원소 x에 대하여 $f(x)=x$를 만족하는 일대일대응의 개수를 구하여라.

18. 아래 그림과 같이 5개의 평행선과 4개의 평행선이 서로 만날 때, 이 평행선으로 만들어지는 평행사변형의 개수는?

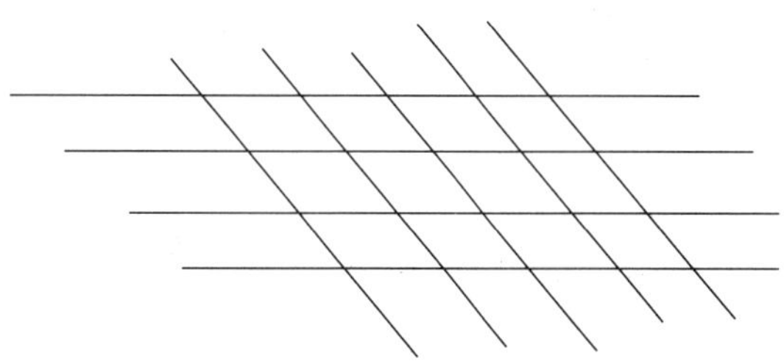

제 21 장 행 렬

기본개념 21-1

- 행렬 : 수 또는 문자를 직사각형 모양으로 배열하여 괄호로 묶어 놓은 형태
- 성분 : 행렬을 구성하고 있는 각각의 수 또는 문자
- 행 : 행렬에서 성분을 가로로 배열한 줄
- 열 : 행렬에서 성분을 세로로 배열한 줄
- (i, j) 성분 : 행렬에서 i행과 j열이 만나는 위치에 있는 성분
- $m\times n$ 행렬 : m개의 행과 n개의 열로 이루어진 행렬
- $M_{m\times n}$: 모든 $m\times n$ 행렬을 모아 놓은 집합
- 정사각행렬 : 행의 개수와 열의 개수가 같은 행렬
- 영행렬 : 모든 성분이 0인 행렬로 기호는 O 로 씀
- 단위행렬 : 대각성분이 모두 1이고, 그 외의 모든 성분이 0인 정사각행렬로 기호는 E로 씀

기초예제

(1) $\begin{pmatrix} 6 & 3 & 0 & 4 \\ 1 & 2 & 3 & 4 \end{pmatrix}$은 2×4 행렬이며 $(2, 3)$성분은 3이다.

(2) $\begin{pmatrix} 0 & 0 \\ 0 & 0 \end{pmatrix}$, $\begin{pmatrix} 0 \\ 0 \end{pmatrix}$, $(0\ 0)$은 영행렬이다.

(3) $\begin{pmatrix} 1 & 0 \\ 0 & 1 \end{pmatrix}$, $\begin{pmatrix} 1 & 0 & 0 \\ 0 & 1 & 0 \\ 0 & 0 & 1 \end{pmatrix}$ 은 단위행렬이다.

기 본 개 념 21-2

- 행렬의 연산

$A=(a_{ij}),\ B=(b_{ij})\in M_{m\times n}$, k는 상수에 대하여 다음과 같이 정의한다.

(1) 상등 : 모든 i, j에 대하여 $a_{ij}=b_{ij}$일 때 A와 B는 같다고 하고, $A=B$로 쓴다.

(2) 덧셈 : 행렬의 덧셈은 같은 성분끼리 더한다. 즉,

$$A+B=(a_{ij})+(b_{ij})=(a_{ij}+b_{ij})=(c_{ij})=C$$

(3) 상수곱 : 행렬의 상수곱은 각 성분에 곱한다. 즉,

$$kA=k(a_{ij})=(ka_{ij})$$

기초예제

(1) $\begin{pmatrix} x-3 \\ y+2 \end{pmatrix}=\begin{pmatrix} 2 \\ -1 \end{pmatrix}$ 이면 $x-3=2,\ y+2=-1$ 이므로 $x=5,\ y=-3$ 이다.

(2) $(1\ \ 2)+(2\ \ 4)=(3\ \ 6)$

(3) $4\begin{pmatrix} 1 & 3 \\ 6 & 2 \end{pmatrix}=\begin{pmatrix} 4 & 12 \\ 24 & 8 \end{pmatrix}$

문제 21-1

(1) $\begin{pmatrix} x+y & 2 \\ 3 & 1 \end{pmatrix}=\begin{pmatrix} -1 & 2 \\ 3 & -x+y \end{pmatrix}$ 을 만족하는 x, y을 구하여라.

【풀이】 $x+y=-1,\ -x+y=1$ 이므로 $x=-1,\ y=0$ 이다.

(2) $A=\begin{pmatrix} 1 & 2 \\ 1 & 1 \end{pmatrix},\ B=\begin{pmatrix} 1 & 0 \\ 2 & 1 \end{pmatrix}$ 에 대하여 $2A+B$을 구하여라.

【풀이】 $2A+B=2\begin{pmatrix} 1 & 2 \\ 1 & 1 \end{pmatrix}+\begin{pmatrix} 1 & 0 \\ 2 & 1 \end{pmatrix}=\begin{pmatrix} 2 & 4 \\ 2 & 2 \end{pmatrix}+\begin{pmatrix} 1 & 0 \\ 2 & 1 \end{pmatrix}=\begin{pmatrix} 3 & 4 \\ 4 & 3 \end{pmatrix}$

기본개념 21-3

- 행렬 $A, B, C \in M_{m\times n}$ 와 상수 k_1, k_2 에 대하여 다음 성질이 성립한다.

(1) $A+O=A=O+A$

(2) $A+(-A)=O=(-A)+A$

(3) $A+B=B+A$

(4) $A+(B+C)=(A+B)+C$

(5) $k_1(A+B)=k_1A+k_1B$

(6) $(k_1+k_2)A=k_1A+k_2A$

(7) $(k_1k_2)A=k_1(k_2A)=k_2(k_1A)$

(8) $1A=A$

기본개념 21-4

- 행렬의 곱셈

$A=(a_{ik})\in M_{m\times r}$, $B=(b_{kj})\in M_{r\times n}$ 일 때 $c_{ij}=a_{i1}b_{1j}+a_{i2}b_{2j}+\cdots+a_{ir}b_{rj}$ 를 (i, j)성분으로 하는 새로운 생렬 $C=(c_{ij})\in M_{m\times n}$ 를 행렬 A와 B의 곱이라 하고 $C=AB$ 로 나타낸다. 즉,

$$AB=(a_{ik})(b_{kj})=(\sum_{k=1}^{r}a_{ik}b_{kj})=(c_{ij})=C$$

기초예제

(1) $(1\ 4)\begin{pmatrix}2\\1\end{pmatrix}=(1\times2+4\times1)=(6)$

(2) $(2\ 3)\begin{pmatrix}1&0\\1&1\end{pmatrix}=(2\times1+3\times1\ \ 2\times0+3\times1)=(5\ 3)$

문제 21-2

(1) $A=\begin{pmatrix}1&2\\1&1\end{pmatrix}$, $B=\begin{pmatrix}1&0\\2&1\end{pmatrix}$ 에 대하여 AB와 BA을 구하여라.

【풀이】 $AB=\begin{pmatrix}1&2\\1&1\end{pmatrix}\begin{pmatrix}1&0\\2&1\end{pmatrix}=\begin{pmatrix}5&2\\3&1\end{pmatrix}$, $BA=\begin{pmatrix}1&0\\2&1\end{pmatrix}\begin{pmatrix}1&2\\1&1\end{pmatrix}=\begin{pmatrix}1&2\\3&5\end{pmatrix}$

기 본 개 념 21-5

- 곱이 가능한 행렬 A, B, C 와 상수 k에 대하여 다음 성질이 성립한다.
  (1) $A(BC)=(AB)C$
  (2) $A(B+C)=AB+AC$
  (3) $(A+B)C=AC+BC$
  (4) $k(AB)=(kA)B+A(kB)$

기 본 개 념 21-6

- 역행렬
  정사각행렬 $A=(a_{ij})$ 에 대하여 $AX=XA=E$ 를 만족하는 행렬 X가 존재할 때 X를 A의 **역행렬**이라 하고, A^{-1}로 나타낸다. 즉,

$$AA^{-1}=A^{-1}A=E$$

- 정사각행렬 $A=\begin{pmatrix}a&b\\c&d\end{pmatrix}$ 에 대하여 $ad-bc\neq 0$ 일 때 A의 역행렬이 존재하고

$$A^{-1}=\frac{1}{ad-bc}\begin{pmatrix}d&-b\\-c&a\end{pmatrix}$$

기초예제

행렬 $A=\begin{pmatrix}2&1\\3&5\end{pmatrix}$ 에서 $2\times5-1\times3=7\neq0$ 이므로 A의 역행렬이 존재하고

$$A^{-1}=\frac{1}{7}\begin{pmatrix}5&-1\\-3&2\end{pmatrix}$$

문제 21-3

$A=\begin{pmatrix}-2 & 1\\ 4 & 3\end{pmatrix}$, $B=\begin{pmatrix}1 & 0\\ 1 & 2\end{pmatrix}$, $C=\begin{pmatrix}6 & -4\\ -3 & 2\end{pmatrix}$ 의 역행렬이 존재하면 구하여라.

【풀이】 $A^{-1}=\dfrac{1}{-10}\begin{pmatrix}3 & -1\\ -4 & -2\end{pmatrix}$, $B^{-1}=\dfrac{1}{2}\begin{pmatrix}2 & 0\\ -1 & 1\end{pmatrix}$ 이고

$6\times2-(-4)\times(-3)=0$ 이므로 C의 역행렬은 존재하지 않는다.

기본개념 21-7

- 정사각행렬 A, B 의 역행렬 A^{-1}, B^{-1} 가 존재할 때

(1) $AB=E$ 이면 $A=B^{-1}$, $B=A^{-1}$

(2) $(AB)^{-1}=B^{-1}A^{-1}$

(3) $(A^{-1})^{-1}=A$

(4) $(kA)^{-1}=\dfrac{1}{k}A^{-1}$

(5) $(A^n)^{-1}=(A^{-1})^n$ (단, n은 자연수)

기초예제

$A=\begin{pmatrix}1 & 2\\ 3 & 0\end{pmatrix}$, $B=\begin{pmatrix}0 & 1\\ 2 & 3\end{pmatrix}$ 이면 $BA=\begin{pmatrix}0 & 1\\ 2 & 3\end{pmatrix}\begin{pmatrix}1 & 2\\ 3 & 0\end{pmatrix}=\begin{pmatrix}3 & 0\\ 11 & 4\end{pmatrix}$ 이므로 $A^{-1}B^{-1}=(BA)^{-1}=\begin{pmatrix}4 & 0\\ -11 & 3\end{pmatrix}$

문제 21-4

(1) $A=\begin{pmatrix}3 & -1\\ 7 & -2\end{pmatrix}$ 에 대하여 $2A$의 역행렬을 구하여라.

【풀이】 $(2A)^{-1}=\dfrac{1}{2}A^{-1}=\dfrac{1}{2}\begin{pmatrix}-2 & 1\\ -7 & 3\end{pmatrix}$

(2) $A^4=\begin{pmatrix}2 & 0\\ 0 & 1\end{pmatrix}$ 일 때 $(A^{-1})^4$ 을 구하여라.

【풀이】 $(A^{-1})^4=(A^4)^{-1}=\dfrac{1}{2}\begin{pmatrix}1 & 0\\ 0 & 2\end{pmatrix}$

기 본 개 념 21 - 8

- 미지수 x, y에 대하여 연립방정식 $\begin{cases} ax+by=p \\ cx+dy=q \end{cases}$ 를 행렬로 나타내면

$$\begin{pmatrix} a & b \\ c & d \end{pmatrix}\begin{pmatrix} x \\ y \end{pmatrix} = \begin{pmatrix} p \\ q \end{pmatrix}$$

(1) $ad-bc \neq 0$ 일 때, 단 한 쌍의 해를 갖고 그 해는 다음과 같다.

$$\begin{pmatrix} x \\ y \end{pmatrix} = \begin{pmatrix} a & b \\ c & d \end{pmatrix}^{-1}\begin{pmatrix} p \\ q \end{pmatrix} = \frac{1}{ad-bc}\begin{pmatrix} d & -b \\ -c & a \end{pmatrix}\begin{pmatrix} p \\ q \end{pmatrix}$$

(2) $ad-bc=0$ 일 때, 해가 무수히 많거나 해가 없다.

(i) $\dfrac{a}{c}=\dfrac{b}{d}=\dfrac{p}{q}$ 이면 해가 무수히 많다.

(ii) $\dfrac{a}{c}=\dfrac{b}{d}\neq\dfrac{p}{q}$ 이면 해가 없다.

기초예제

(1) 연립방정식 $\begin{cases} 4x+y=1 \\ 2x+y=2 \end{cases}$ 를 행렬을 이용하여 나타내면 $\begin{pmatrix} 4 & 1 \\ 2 & 1 \end{pmatrix}\begin{pmatrix} x \\ y \end{pmatrix} = \begin{pmatrix} 1 \\ 2 \end{pmatrix}$ 이고

$4\times1-1\times2 = 2 \neq 0$ 이므로 한 쌍의 해를 갖는다.

(2) $\begin{pmatrix} 1 & 2 \\ a & 4 \end{pmatrix}\begin{pmatrix} x \\ y \end{pmatrix} = \begin{pmatrix} 4 \\ 7 \end{pmatrix}$ 이 단 한 쌍의 해를 가질 조건은 $1\times4-2\times a \neq 0$ 에서 $a \neq 2$ 이다.

(3) $\begin{pmatrix} b & 3 \\ 4 & -2 \end{pmatrix}\begin{pmatrix} x \\ y \end{pmatrix} = \begin{pmatrix} 0 \\ 0 \end{pmatrix}$ 이 0이외의 해를 가질 조건은 $b\times(-2)-3\times4=0$ 에서 $b=-6$ 이다.

문제 21-5

연립방정식 $\begin{cases} 5x+4y=1 \\ 7x+6y=0 \end{cases}$ 의 해를 역행렬을 이용하여 구하여라.

【풀이】 $\begin{pmatrix} x \\ y \end{pmatrix} = \begin{pmatrix} 5 & 4 \\ 7 & 6 \end{pmatrix}^{-1}\begin{pmatrix} 1 \\ 0 \end{pmatrix} = \dfrac{1}{2}\begin{pmatrix} 6 & -4 \\ -7 & 5 \end{pmatrix}\begin{pmatrix} 1 \\ 0 \end{pmatrix} = \dfrac{1}{2}\begin{pmatrix} 6 \\ -7 \end{pmatrix}$ 이므로 $x=3$, $y=-\dfrac{7}{2}$

연습문제 21

1. 행렬 $\begin{pmatrix} 6 & 2 & 1 & 4 \\ 1 & 2 & 3 & 4 \end{pmatrix}$의 2행과 3열을 구하여라.

2. $\begin{pmatrix} x+y & 2 \\ 3 & 1 \end{pmatrix} = \begin{pmatrix} -1 & 2 \\ 3 & 2x+y \end{pmatrix}$ 을 만족하는 x, y을 구하여라.

3. $A = \begin{pmatrix} 1 & 2 \\ 1 & 1 \end{pmatrix}$, $B = \begin{pmatrix} 1 & 3 \\ 2 & 1 \end{pmatrix}$ 에 대하여 $3A+B$을 구하여라.

4. $A = \begin{pmatrix} 3 & 2 \\ 1 & 1 \end{pmatrix}$, $B = \begin{pmatrix} 1 & 4 \\ 2 & 1 \end{pmatrix}$ 에 대하여 AB와 BA 을 구하여라.

5. $A = \begin{pmatrix} 2 & 1 \\ 2 & 3 \end{pmatrix}$, $B = \begin{pmatrix} 1 & 6 \\ 1 & 2 \end{pmatrix}$, $C = \begin{pmatrix} 6 & 9 \\ 2 & 3 \end{pmatrix}$ 의 역행렬이 존재하면 구하여라.

6. $A = \begin{pmatrix} 3 & 2 \\ 7 & 4 \end{pmatrix}$ 에 대하여 $\frac{1}{3}A$의 역행렬을 구하여라.

7. $A^4 = \begin{pmatrix} 2 & 6 \\ 4 & 1 \end{pmatrix}$ 일 때 $(A^{-1})^4$ 을 구하여라.

8. 연립방정식 $\begin{cases} 4x+5y=3 \\ 2x+7y=2 \end{cases}$ 를 행렬을 이용하여 나타내어라.

9. $\begin{pmatrix} 3 & 2 \\ a & 4 \end{pmatrix}\begin{pmatrix} x \\ y \end{pmatrix} = \begin{pmatrix} 4 \\ 7 \end{pmatrix}$ 이 단 한 쌍의 해를 갖기 위한 a값을 구하여라.

10. $\begin{pmatrix} a & 3 \\ 4 & 6 \end{pmatrix}\begin{pmatrix} x \\ y \end{pmatrix} = \begin{pmatrix} 0 \\ 0 \end{pmatrix}$ 이 0이외의 해를 갖기 위한 a값을 구하여라.

11. 연립방정식 $\begin{cases} x+2y=1 \\ x+3y=0 \end{cases}$ 의 해를 역행렬을 이용하여 구하여라.

확인학습21　　학번 :　　성명 :

1. $\begin{pmatrix} x-2y & 2 \\ 3 & 1 \end{pmatrix} = \begin{pmatrix} -1 & 2 \\ 3 & x+y \end{pmatrix}$ 을 만족하는 x, y을 구하여라.

2. $A = \begin{pmatrix} 5 & 2 \\ 1 & 1 \end{pmatrix}$, $B = \begin{pmatrix} 2 & 3 \\ 2 & 1 \end{pmatrix}$ 에 대하여 $3A+B$을 구하여라.

3. $A = \begin{pmatrix} 3 & 2 \\ 2 & 1 \end{pmatrix}$, $B = \begin{pmatrix} 1 & 3 \\ 2 & 0 \end{pmatrix}$ 에 대하여 AB와 BA 을 구하여라.

4. $A = \begin{pmatrix} 2 & 7 \\ 2 & 3 \end{pmatrix}$, $B = \begin{pmatrix} 3 & 6 \\ 1 & 2 \end{pmatrix}$, $C = \begin{pmatrix} 6 & 5 \\ 2 & 3 \end{pmatrix}$ 의 역행렬이 존재하면 구하여라.

5. $A = \begin{pmatrix} 3 & 2 \\ 4 & 1 \end{pmatrix}$ 에 대하여 $\frac{1}{3}A$의 역행렬을 구하여라.

6. $A^4 = \begin{pmatrix} 3 & 7 \\ 4 & 1 \end{pmatrix}$ 일 때 $(A^{-1})^4$ 을 구하여라.

7. 연립방정식 $\begin{cases} 3x+5y=5 \\ 2x-3y=2 \end{cases}$ 를 행렬을 이용하여 나타내어라.

8. $\begin{pmatrix} 5 & 2 \\ a & 4 \end{pmatrix}\begin{pmatrix} x \\ y \end{pmatrix} = \begin{pmatrix} 2 \\ 3 \end{pmatrix}$ 이 단 한 쌍의 해를 갖기 위한 a값을 구하여라.

9. $\begin{pmatrix} a & 3 \\ 10 & 6 \end{pmatrix}\begin{pmatrix} x \\ y \end{pmatrix} = \begin{pmatrix} 0 \\ 0 \end{pmatrix}$ 이 0이외의 해를 갖기 위한 a값을 구하여라.

10. 연립방정식 $\begin{cases} x+2y=1 \\ 2x+3y=-1 \end{cases}$ 의 해를 역행렬을 이용하여 구하여라.

제 22 장 명　　제

기 본 개 념 22-1

- 참인지 거짓인지 판단할 수 있는 문장을 **명제**라 한다.
- 명제의 **참**, 거짓을 그 명제의 **진리값**이라 하며, 이들을 각각 T, F 로 나타낸다.

기초예제

(1) 다음 문장은 명제이다.

① 사람은 동물이다.
② 서울은 한국의 수도이다.
③ 아들은 여자이다.
④ 하와이는 한국 땅이다.

(2) 다음 문장은 명제가 아니다.

① 꽃은 아름답다.
② 서울은 살기 좋은 도시입니까?
③ 창문을 열어라.
④ 여러분 안녕.

▸ 판정 기준이 애매하여 참 거짓을 분별할 수 없는 문장, 의문문, 명령문, 감탄문 등은 명제가 아니다.

문제 22-1

다음 문장 중 명제인 것을 찾고, 그 명제의 진리값을 말하여라.

(1) $2+3=6$　　(2) $x+4=7$　　(3) 2×3

【풀이】 (2)와 (3)은 명제가 아니다. (1)은 명제이며, 진리값은 F이다.

기 본 개 념 22-2

- 명제함수

집합 U가 주어져 있을 때 각각의 $x \in U$에 대하여 열린문장 $p(x)$의 참 거짓을 판단할 수 있는 문장을 **명제함수**라 하며, U를 **전진합**, x를 **변수**라 한다.

U 의 원소 중 $p(x)$를 참이 되게 하는 원소들의 집합을 **진리집합** 또는 **해집합**이라 하며, 대문자로 나타낸다. 즉

$$P = \{x \in U \mid p(x)\text{는 참}\}$$

기초예제

전집합 U가 자연수의 집합 N이라 할 때

$p(x) : x+2 > 7$

$q(x) : x$ 는 12의 약수이다

는 모두 명제함수이며, 각각의 해집합은

$$P=\{6,\ 7,\ 8,\ \cdots\}, \quad Q=\{1,\ 2,\ 3,\ 4,\ 6,\ 12\}$$

문제 22-2

$U=\{2,\ -3,\ 1/7,\ -\sqrt{2}\ ,\ 0.5\}$에서

$r(x) : x$는 5로 나누어 떨어진다

$s(x) : x$는 정수가 아니다

에 대하여 명제함수를 찾고, 해집합을 구하여라.

【풀이】 $r(x)$는 명제함수가 아니다. 왜냐하면 "5로 나누어 떨어진다"라는 문장은 정수의 범위에서만 사용되기 때문이다. $s(x)$는 명제함수이며 해집합은 $S=\{1/7,\ -\sqrt{2}\ ,\ 0.5\}$이다.

기 본 개 념 22-3

- $p(x)$를 집합 U에서의 명제함수라 하자. 이 때 U에 속하는 모든 변수 x에 대하여 $p(x)$가 항상 참일 때,

$$\forall x \in U,\ p(x) \text{ 또는 } \forall x,\ p(x)$$

로 나타내며, $\forall$를 **전칭기호**라 한다.

- $p(x)$를 집합 U에서의 명제함수라 하자. 이 때 U의 원소 중 $p(x)$를 참으로 만드는 변수가 있을 때

$$\exists x \in U,\ p(x) \text{ 또는 } \exists x,\ p(x)$$

로 나타내며, $\exists$를 **존재기호**라 한다.

- 전칭기호, 존재기호가 있는 명제함수의 참 거짓

(1) $\forall x \in U,\ p(x)\ :\ T \Leftrightarrow P=\{x \in U \mid p(x)\}=U$

(2) $\forall x \in U,\ p(x)\ :\ F \Leftrightarrow P=\{x \in U \mid p(x)\} \neq U$

(3) $\exists x \in U,\ p(x)\ :\ T \Leftrightarrow P=\{x \in U \mid p(x)\} \neq \varnothing$

(4) $\exists x \in U,\ p(x)\ :\ F \Leftrightarrow P=\{x \in U \mid p(x)\} = \varnothing$

문제 22-3

다음 문장을 전칭기호를 사용하여 나타내고, 진리값을 말하여라.

(1) 실수의 제곱은 0 이상이다.

(2) $U=\{1,\ 2,\ 3,\ 4,\ 5\}$의 원소는 모두 짝수이다.

(3) $U=\{-1,\ 0,\ 1\}$의 원소는 모두 제곱하면 자신과 같다.

(4) 모든 유리수는 0을 더하면 그 자신이 된다.

【풀이】 (1) 실수의 집합을 R이라 할 때, $\forall x \in R,\ x^2 \geq 0\ :\ T$

(2) $U=\{1, 2, 3, 4, 5\}$일 때, $\forall x \in U$, (x 는짝수): F

(3) $U=\{-1,\ 0, 1\}$일 때, $\forall x \in U,\ x^2=x:\ F$

(4) 유리수의 집합을 Q라 할 때, $\forall x \in Q,\ x+0=x\ :\ T$

문제 22-4

$U=\{1,\ 2,\ 3,\ 4,\ 5\}$일 때 다음 명제의 참, 거짓을 말하여라.

(1) $\exists x \in U,\ (x^2+1=2)$ (2) $\exists x \in U,\ ((x+1)^2 > 100)$

(3) $\exists x \in U$, (x는 소수이다.) (4) $\exists x \in U$, (x의 약수는 3개이다.)

【풀이】 각 명제함수의 해집합을 구하면 다음과 같다.

(1) $\{1\}$ (2) $\varnothing$ (3) $\{2,\ 3,\ 5\}$ (4) $\{4\}$

따라서 (2)만 거짓명제이고, (1), (3), (4)는 참인 명제이다.

문제 22-5

A는 남자의 집합, B는 여자의 집합이고, $x \in A$ 이며 $y \in B$일 때

$p(x,\ y)$: x는 y를 좋아한다.

에서 다음 문장의 뜻을 알아보아라.

(1) $\forall x \in A,\ \forall y \in B,\ p(x,\ y)$ (2) $\exists x \in A,\ \exists y \in B,\ p(x,\ y)$

(3) $\forall x \in A,\ \exists y \in B,\ p(x,\ y)$ (4) $\exists y \in B,\ \forall x \in A,\ p(x,\ y)$

【풀이】 (1) 모든 남자는 모든 여자를 좋아한다.

(2) 어떤 남자는 어떤 여자를 좋아한다.

(3) 모든 남자는 그가 좋아하는 여자가 있다.

(4) 어떤 여자가 있는데 모든 남자가 그 여자를 좋아한다.

문제 22-6

N을 자연수의 집합, R을 실수의 집합이라 할 때 다음 명제의 참, 거짓을 구별하여라.

(1) $\forall x \in N,\ \forall y \in R,\ x \leq y$ (2) $\exists x \in N,\ \exists y \in R,\ x \leq y$

(3) $\forall x \in N,\ \exists y \in R,\ x \leq y$ (4) $\exists x \in N,\ \forall y \in R,\ x \leq y$

기 본 개 념 22-4

- **단순명제**는 더 이상 분해 할 수 없는 명제를 말하며, 몇 개의 단순명제가 논리어 '아니다(not), 또는(or), 그리고(and), 이면(imply)'으로 연결되어 있는 명제를 **합성명제**라 한다.

기초예제

다음 문장은 합성명제이다.

(1) 비가 오면 우산을 쓴다.

(2) 나는 취업을 하거나 진학을 할 것이다.

(3) 나는 신문을 보고 아침을 먹는다.

기 본 개 념 22-5

- 명제 p에 대하여 "p가 아니다."를 **부정**이라 하고 $\sim p$(not p로 읽는다.)로 나타낸다. $\sim p$의 참, 거짓은 p의 참, 거짓과 반대로 약속한다.

문제 22-7

다음 문장의 부정명제를 써라.

(1) 우산을 쓴다.

(2) 나는 취업을 할 것이다.

(3) 아침을 먹는다.

【풀이】 (1) 우산을 쓰지 않는다.

(2) 나는 취업을 하지 않을 것이다.

(3) 아침을 먹지 않는다.

기 본 개 념 22-6

- 명제 p, q에 대하여 다음과 같이 정의한다.

(1) " p이고 q"를 p와 q의 **논리곱**이라 하고 $p \wedge q$ (p and q로 읽는다.)로 나타내며, $p \wedge q$는 p와 q가 모두 참일 때만 참이 되고, 그 외의 경우는 거짓으로 약속한다.

(2) " p이거나 q"를 p와 q의 **논리합**이라 하고, $p \vee q$(p or q로 읽는다.)로 나타내며, $p \vee q$는 p와 q가 모두 거짓일 때만 거짓이고, 다른 경우는 모두 참으로 약속한다.

(3) " p이면 q이다."를 p와 q의 **조건문**이라 하며 $p \rightarrow q$(if p then q로 읽는다.)로 나타낸다. $p \rightarrow q$의 참, 거짓은 p가 참이고 q가 거짓일 때만 거짓이고, 그 외의 경우는 모두 참으로 약속한다.

(4) 합성명제 $(p \rightarrow q) \wedge (q \rightarrow p)$를 $p \leftrightarrow q$(p if and only if q 로 읽는다.)로 나타내고 **쌍조건문**이라 한다. 쌍조건문 $p \leftrightarrow q$의 의미는 두 명제 p와 q의 진리값이 같으면 참이고, 진리값이 서로 다르면 거짓이다.

기초예제

"비가 온다"와 "우산을 쓴다"라는 단순명제를 명제의 합성을 이용하여 다음과 같은 합 합성명제를 만들 수 있다.

(1) 비가 오고 우산을 쓴다. (논리곱)

(2) 비가 오거나 우산을 쓴다. (논리합)

(3) 비가 오면 우산을 쓴다. (조건문)

(4) 비가 오면 우산을 쓰고 우산을 쓰면 비가 온다. (쌍조건문)

기 본 개 념 22-7

- 명제의 참, 거짓을 표로 나타낸 것을 **진리표**라 한다. 명제 $\sim p$와 $p \wedge q$, $p \vee q$, $p \rightarrow q$의 진리값은 다음 표와 같다.

p	$\sim p$
T	F
F	T

p	q	$p \wedge q$	$p \vee q$	$p \rightarrow q$
T	T	T	T	T
T	F	F	T	F
F	T	F	T	T
F	F	F	F	T

기초예제

쌍조건문의 진리표는 다음과 같다.

p	q	$p \leftrightarrow q$
T	T	T
T	F	F
F	T	F
F	F	T

문제 22-8

다음 명제의 진리값을 확인 하여라.

(1) 2는 자연수이고 홀수이다.

(2) $(2=3) \vee (4+4 \geq 6)$

(3) $\varnothing$은 집합 $\{a\}$의 부분집합이 아니다.

(4) $4=3$이면 $5+3=7$이다.

(5) 아들이 여자이면 딸은 여자이다.

【풀이】 (1) $T \wedge F$ 이므로 F이다.

(2) $F \vee T$ 이므로 T이다.

(3) $\sim T$ 이므로 F이다.

(4) $F \rightarrow F$ 이므로 T이다.

(5) $F \rightarrow T$ 이므로 T이다.

▸ 명제의 합성에서도 수의 사칙계산에서와 같이 계산하는 순서가 있다. 순서는 다음과 같다. (1) ~ (2) ∧과 ∨ (3) → 과 ↔. 단, ( )는 가장 먼저 처리한다.

기초예제

$(1) \sim(p \wedge \sim q \rightarrow r)$ $(2)\ p \wedge q \rightarrow (r \vee \sim p)$

처리순서 : ④ ② ① ③ ③ ④ ② ①

기초예제

$p \rightarrow (q \rightarrow r)$과 $(p \rightarrow q) \rightarrow r$ 과 $p \wedge q \rightarrow r$ 의 진리표

p	q	r	$p \rightarrow (q \rightarrow r)$		$(p \rightarrow q) \rightarrow r$		$p \wedge q \rightarrow r$	
T	T	T	T	T	T	T	T	T
T	T	F	F	F	T	F	T	F
T	F	T	T	T	F	T	F	T
T	F	F	T	T	F	T	F	T
F	T	T	T	T	T	T	F	T
F	T	F	T	F	T	F	F	T
F	F	T	T	T	T	T	F	T
F	F	F	T	T	T	F	F	T

기 본 개 념 22-8

- 모든 경우에 대하여 그 진리값이 일치하는 두 합성명제를 **동치**라 하고, 기호 $\Leftrightarrow$ 로 나타낸다.

- 모든 경우에 대하여 진리값이 항상 T인 명제를 **항진명제**, 항상 F 인 명제를 **모순명제**라 하고, 이 명제를 I, O로 나타낸다. 즉

  (항진명제) $\Leftrightarrow$ I (모순명제) $\Leftrightarrow$ O

- 조건문 $p \rightarrow q$가 항상 참일 때 **함의**라 하고, 기호로 다음과 같이 표현한다.

  $p \Rightarrow q$ ("p는 q를 함의한다"라고 읽는다.)

기초예제

조건문 $p \to q$ 와 $\sim q \to \sim p$이 동치임을 확인하여라.

【풀이】

p	q	$\sim q$	$\to$	$\sim p$
T	T	F	T	F
T	F	T	F	F
F	T	F	T	T
F	F	T	T	T

조건문 $p \to q$ 의 진리값도 $TFTT$이므로 $p \to q \Leftrightarrow \sim q \to \sim p$

문제 22-9

다음 두 명제가 동치임을 진리표를 만들어 확인하여라.

(1) $p \to q$ 와 $\sim p \lor q$ (2) $\sim(p \lor q)$ 와 $\sim p \land \sim q$

문제 22-10

다음 합성명제 중 항진명제와 모순명제를 찾아라.

(1) $(p \to q) \land (q \to r) \to (p \to r)$

(2) $(p \to q) \land \sim q \to \sim p$

(3) $(p \to q) \land \sim p \to \sim q$

(4) $p \lor \sim p \to p \land \sim p$

(5) $p \land O \leftrightarrow p$

【풀이】 각각 진리표를 작성하여 조사한다.
항진명제 ; (1), (2) 모순명제 ; (4)

문제 22-11

다음 조건문이 함의함을 확인하여라.

(1) $p \to p \land p$ (2) $p \land q \to q$ (3) $p \land q \to q \land p$

기 본 개 념 22-9

- 항진명제와 모순명제를 각각 I, O로 나타낼 때 다음과 같은 성질이 있다.

(1) $p \vee p \Leftrightarrow p$ $p \wedge p \Leftrightarrow p$

(2) $(p \vee q) \vee r \Leftrightarrow p \vee (q \vee r)$ $(p \wedge q) \wedge r \Leftrightarrow p \wedge (q \wedge r)$

(3) $p \vee q \Leftrightarrow q \vee p$ $p \wedge q \Leftrightarrow q \wedge p$

(4) $p \vee (q \wedge r) \Leftrightarrow (p \vee q) \wedge (p \vee r)$ $p \wedge (q \vee r) \Leftrightarrow (p \wedge q) \vee (p \wedge r)$

(5) $p \vee O \Leftrightarrow p$ $p \wedge I \Leftrightarrow p$

(6) $p \vee I \Leftrightarrow I$ $p \wedge O \Leftrightarrow O$

(7) $p \vee \sim p \Leftrightarrow I$ $p \wedge \sim p \Leftrightarrow O$

(8) $\sim(\sim p) \Leftrightarrow p$

기 본 개 념 22-10

- 부정에 대한 성질

(1) $\sim(p \vee q) \Leftrightarrow \sim p \wedge \sim q$

(2) $\sim(p \wedge q) \Leftrightarrow \sim p \vee \sim q$

(3) $\sim[\forall x \in U,\ p(x)] \Leftrightarrow \exists x \in U,\ \sim p(x)$

(4) $\sim[\exists x \in U,\ p(x)] \Leftrightarrow \forall x \in U,\ \sim p(x)$

(5) $\sim[\forall x \in A,\ \exists y \in B,\ p(x,\ y)] \Leftrightarrow \exists x \in A,\ \forall y \in B,\ \sim p(x,\ y)$

(6) $\sim[\exists y \in B,\ \forall x \in A,\ p(x,\ y)] \Leftrightarrow \forall y \in B,\ \exists x \in A,\ \sim p(x,\ y)$

문제 22-12

다음 문장을 부정 하여라.

(1) 아들은 남자이고 딸은 여자이다.

(2) 사과를 먹거나 포도를 먹는다.

(3) 모든 꽃은 아름답다.

(4) 어떤 사람은 사과를 먹지 않는다.

(5) 비가 오면 우산을 쓴다.

문제 22-13

다음 문장을 부정 하여라.

(1) 어떤 사람은 모든 과일을 좋아한다.

(2) 어떤 남학생은 미남이고 모든 여학생은 미녀다.

(3) 어떤 사람이 우산을 쓰면 비가오지 않는다.

(4) 모든 사람은 축구 또는 배구를 좋아한다.

문제 22-14

진리표를 사용하지 않고 다음을 증명하여라.

(1) $p \to (q \wedge r) \Leftrightarrow (p \to q) \wedge (p \to r)$ (2) $(p \vee q) \to r \Leftrightarrow (p \to r) \wedge (q \to r)$

【풀이】 (1) $p \to (q \wedge r) \Leftrightarrow \sim p \vee (q \wedge r)$

$\Leftrightarrow (\sim p \vee q) \wedge (\sim p \vee r)$

$\Leftrightarrow (p \to q) \wedge (p \to r)$

(2) $(p \vee q) \to r \Leftrightarrow \sim (p \vee q) \vee r$

$\Leftrightarrow (\sim p \wedge \sim q) \vee r$

$\Leftrightarrow (\sim p \vee r) \wedge (\sim q \vee r)$

$\Leftrightarrow (p \to r) \wedge (q \to r)$

문제 22-15

다음 명제를 동치를 이용하여 간단한 명제로 바꾸어라.

(1) $p \wedge \sim (p \wedge q)$ (2) $(p \wedge \sim q) \to (\sim p \vee q)$

【풀이】 (1) $p \wedge \sim (p \wedge q) \Leftrightarrow p \wedge (\sim p \vee \sim q)$

$\Leftrightarrow (p \wedge \sim p) \vee (p \wedge \sim q)$

$\Leftrightarrow O \vee (p \wedge \sim q) \Leftrightarrow p \wedge \sim q$

(2) $(p \wedge \sim q) \to (\sim p \vee q) \Leftrightarrow \sim (p \wedge \sim q) \vee (\sim p \vee q)$

$\Leftrightarrow (\sim p \vee q) \vee (\sim p \vee q)$

$\Leftrightarrow \sim p \vee q \quad \Leftrightarrow p \to q$

연습문제 22

1. 다음 문장 중 명제인 것을 찾고, 진리값을 구하여라.

(1) x 는 자연수이다.
(2) 3는 짝수이다.
(3) $4\times7=26$
(4) $6-x=10$
(5) $5+3$
(6) $x\div4$

2. 두 명제 p, q가 다음과 같을 때 다음 명제를 기호로 나타내고, 진리값을 구하여라.

p : 2는 짝수이다. q : 2는 약수가 1개이다.

(1) 2는 짝수이고 약수는 1개이다.
(2) 2가 약수가 1개이면 2는 홀수이다.
(3) 2가 홀수이면 2는 약수가 1개이다.
(4) 2는 약수가 1개이거나 2는 홀수이다.

3. 다음 명제의 부정명제를 쓰고, 그 부정명제의 진리값을 구하여라.

(1) $2+3=5$ 이면 $4\neq2$ 이다.
(2) $9>4$ 이면 $7<3$ 이다.
(3) 1은 가장 작은 자연수이다.
(4) 어떤 자연수도 0으로 나눌 수 없다.
(5) 모든 자연수는 1로 나누어 떨어진다.
(6) 어떤 자연수는 5를 나눈다.

4. 다음 문장을 부정 하여라.

(1) 비가 오면 모든 여자는 우산을 쓰고 어떤 남자는 우산을 쓰지 않는다.
(2) 어떤 사람이 우산을 쓰고 학교에 가면 비가 온다.

5. 다음 합성명제의 진리표를 만들어라.

(1) $p\wedge(p\rightarrow q)\rightarrow q$
(2) $(p\vee q)\rightarrow(p\wedge q)$
(3) $(p\wedge q)\rightarrow(p\vee q)$
(4) $(p\wedge q\rightarrow q)\rightarrow p$
(5) $(p\vee q\rightarrow p)\rightarrow q$
(6) $(p\rightarrow q)\wedge\sim q\rightarrow p$
(7) $(p\wedge\sim p)\rightarrow q$
(8) $(p\vee\sim q)\rightarrow(q\vee\sim q)$

확인학습22 학번 : 성명 :

1. $U=\{1, 2, 3, 4, 5\}$일 때
다음 명제의 진리값 구하여라.
(1) $\forall x \in U, (x^2+1>2)$
(2) $\exists x \in U, ((x+1)^2>35)$

2. 다음 합성명제의 진리표를 만들어라.
$(p \wedge q \rightarrow \sim q) \rightarrow p$

3. "$(2=3) \vee (4+1 \geqq 6)$"의 진리값을 구하여라.

4. "$7+3 \neq 3$ 이면 $5-2=3$ 이다."의 부정명제를 써라.

5. "정수의 집합은 뺄셈에 대하여 닫혀 있다."의 부정명제를 써라.

6. "바다에 가면 어떤 여자는 수영을 하고 어떤 남자는 회를 먹는다."를 부정 하여라.

7. 다음 명제의 진리값 구하여라.
(N : 자연수의 집합, Z : 정수의 집합)
(1) $\exists x \in N, \exists y \in Z, x < y$
(2) $\exists x \in N, \forall y \in Z, x < y$

8. 다음 합성명제의 진리표를 만들어라.
$(p \vee \sim q) \rightarrow (q \wedge \sim q)$

9. "$4 \neq 3$이면 $5+3=8$이다."의 진리값을 구하여라.

10. "$6=5$ 이면 $8 \leqq 7$ 이다."의 부정명제를 써라.

11. "어떤 자연수에 0을 더하면 크기가 달라 진다."의 부정명제를 써라.

12. "모든 사람이 공부를 하면 어떤 학생의 성적이 오른다."를 부정하여라.

대학수학의 기초

2011년 8월 25일 초 판 인쇄
2011년 9월 1일 초 판 발행

저 자 / 이상한
발행자 / 오판근
발행처 / 교우사

주 소 / 서울 동대문구 제기2동 148-19
전 화 / 925-2861(代), 편집부 / 925-2825
팩 스 / 925-2860

E-mail / kyowoo@kyowoo.co.kr
http://www.kyowoo.co.kr

등록 / 1994. 3. 24 제6-0256호

ISBN 978-89-8172-899-1

값 10,000 원